电力工程管理

沈润夏　魏书超　著

吉林科学技术出版社

图书在版编目（CIP）数据

电力工程管理 / 沈润夏，魏书超著． -- 长春 ：吉林科学技术出版社，2019.5

ISBN 978-7-5578-5486-7

Ⅰ．①电… Ⅱ．①沈… ②魏… Ⅲ．①电力工程－工程管理 Ⅳ．① TM7

中国版本图书馆 CIP 数据核字（2019）第 106154 号

电力工程管理

著　　者　沈润夏　魏书超

出 版 人　李　梁

责任编辑　端金香

封面设计　刘　华

制　　版　王　朋

开　　本　185mm×260mm

字　　数　200 千字

印　　张　9

版　　次　2019 年 5 月第 1 版

印　　次　2019 年 5 月第 1 次印刷

出　　版　吉林科学技术出版社

发　　行　吉林科学技术出版社

地　　址　长春市福祉大路 5788 号出版集团 A 座

邮　　编　130118

发行部电话 / 传真　0431—81629529　　81629530　　81629531
　　　　　　　　　　81629532　　81629533　　81629534

储运部电话　0431—86059116

编辑部电话　0431—81629517

网　　址　www.jlstp.net

印　　刷　北京宝莲鸿图科技有限公司

书　　号　ISBN 978-7-5578-5486-7

定　　价　57.00 元

前　言
PREFACE

电力产业是我国的经济命脉之一，作为基础性产业，它不仅对整个社会经济的发展有重要的影响，还与人们的日常生活息息相关。改革开放至今，我国电力产业体制发生了巨大变化，已基本完成"厂网分离"，分为发电和电网两大部分，各种发电集团和电网经营企业也应运而生。进入 21 世纪后，我国人民生产生活水平得到很大提高，对电力的需求量迅速增长，使得原有的电力资源出现短缺，远远不能满足进入 21 世纪后人们的生产生活发展的需要。在此背景之下，各种电力工程项目如雨后春笋般层出不穷。

电力工程建设项目管理 (Project Management of Electric Power Construction,PMEPC) 是项目管理的理论和方法在电力工程建设领域的应用，是工程项目管理的一个分支。电力工程建设管理一般是指工程建设者运用系统工程的观念、理论和方法，对电力工程建设进行全过程和全方位的管理。电力工程的建设经历了几个阶段，电力工业部时代是传统的自营管理模式，建设单位负责工程的建设和管理。改革开放以后，国家电力公司时期，电力工程建设实行"五制"管理模式，即项目法人责任制、经济合同制、资本金制、招投标制、工程监理制。2003 年电力改革，将国家电力公司拆分为两大电网公司和五大发电集团公司。各发电集团的成立，促进了发电企业之间的竞争，对我国电力工程建设起到了巨大的推动作用，电力工程项目如雨后春笋般发展起来，电力建设的规模创造了一个又一个高峰。

本书主要介绍电力工程标准化管理、合同管理、成本管理、进度管理、质量管理、施工安全管理及全过程管理，可作为电力工程管理行业的理论指导。

目 录
COTENTS

第一章
绪论

第一节　电力工程项目管理概述

一、电力工程项目的特点

电力工程项目施工条件较为复杂，一般露天作业多、自然条件变化大、工期较长、规模较大、投资较高，其质量高低受到很多因素的影响，如未能对相关因素进行有效控制，便容易产生各类质量问题。综合分析多项工程的质量管理，总结其主要具有以下三个特征。

（一）突发严重性

施工过程中出现的某些工程质量问题，如同"常见病""多发病"一般经常发生，发生时间没有可预见性。一旦在施工过程中出现质量问题，往往会影响施工顺利进行，拖延工程项目期限，增加费用，特别是电力工程的改扩建工程，在设计、施工过程中会涉及带电设备、线路，稍有疏忽便会留下工程后期隐患，出现群伤事故，对人民的生命财产造成巨大的损失。

（二）复杂易变性

电力工程涉及土建、电气一二次设备、线路结构、线路电气等多个专业，同时由于工程的特点，在设计及施工过程中，很多因素都会对工程质量产生影响，从而导致对工程项目质量问题的分析、判断、处理的难度增加；并且，随着时间的不断推移，这些质量问题还会引起其他系统性因素的质量变异，由一种问题转变为多种或更复杂难以解决的问题。

（三）特殊不确定性

这是指某些工程质量问题在人们不知情或尚未觉察时就出现了。尤其是在特殊项目的施工过程中，限于人们的认识和经历，从而发生的工程质量问题等。对于这类问题，只有多调查研究，不断深入基层，加强质量防范意识，并对出现的问题严格控制和管理，才能做到不出问题或少出问题。

二、电力工程项目管理模式的发展

中华人民共和国成立初期，电力产业作为国民经济发展的命脉和国家基础产业之一，一直处于国家政权垄断状态。这一时期电厂和电网没有分离，同时属于国家垄断经营。在计划经济体制下，由于缺乏竞争，这一时期的电力行业缺乏活力，电力工程项目基本上仅限于基本网路的铺设和基本设施的搭建，电力工程项目管理当然也是鲜有创新。改革开放后，通过实施一系列政策，我国基本上实现了"厂网分离"，许多发电企业和电网集团应运而生。市场经济体制赋予了电力产业新的活力，随着我国社会生产力的不断提升和人民生活水平的不断提高，电力资源的需求量也随之以较快的速度增长。此时原有的基建工程已远远不能满足国民经济发展和城乡居民生活改善的需要，因此，许多新的电力工程项目被提上议程。这一时期，总承包管理模式仍是电力工程项目管理的主要模式。工程项目总承包管理是最早出现的电力工程管理模式，其在电力工程项目中的应用为电力工程管理工作积累了相当多的经验。电力工程项目总承包管理模式是由业主、设计单位、施工总承包商和建设单位共同完成电力工程的建设任务。通过总承包施工管理模式可以使施工承包方承担工程电力工程施工责任，并接受建设工程师的监督、管理。这样的管理模式使得施工过程的各方职责明确，以促进电力工程施工过程的各项管理工作开展。

进入 21 世纪后，我国人民的生产生活水平得到了很大提高，在国内经济快速发展的背景下，国内电力需求量大增，加上政府在电力方面投资力度的加大，这两年我国电力工程项目进入了高速发展阶段。在这一时期里，我国的变电站自动化工程项目快速发展。变电站具有变压、分流的作用，在整个电力网络系统中扮演着连接输电和配电环节的重要角色。倘若出现问题，不仅会对变电站自身供电的区域造成影响，还会影响其他与其连接的变电站甚至整个电网系统。随着电力工程施工市场的逐渐完善，电力工程项目在数量和种类上的多样性对传统的总承包管理模式提出了新的挑战，这表明这种传统模式已经不能完全胜任现代电力工程项目的施工需求，主要表现为由于监理单位对项目介入深度不够，造成其只进行施工阶段的质量监督管理，缺乏对电力工程决策、设计阶段的管理，从而影响了工程投资的决策与控制。在这个背景的推动下，我国电力工程管理模式出现了新的创新与应用，主要有以下几个方面。

（一）引入成本管理战略的，指导电力工程管理

现代市场激烈的竞争，使得电力工程投资、施工企业必须站在企业自身的角度综合考虑成本问题，以适应企业战略管理的需要，促进工程管理工作中成本管理的实施。其创新性主要体现在电力工程管理模式中成本控制的全局性、长期性、竞争性，以促进低成本领先战略的实施。

（二）引入组织机制创新，促进电力工程管理

电力工程管理模式应以机制的创新为基础，创新组织机制与管理制度，以促进管理工作的发展和实施。通过组织机制的创新使电力工程管理工作具有持续的动力。通过组织结构的整合优化、组织机制的创新促进电力工程管理模式的创新，便于管理工作的开展。

（三）引进全过程、全要素控制思想，实现电力工程管理模式的创新

现代电力工程管理模式应根据其特点进行创新与应用，采用全过程、全要素的工程管理模式促进工程管理工作更加符合实际，并以此促进电力工程管理工作的开展。一方面，在进行电力工程全过程、全要素管理模式创新过程中，要综合考虑项目经理的沟通能力、专业能力、创新能力等，打造优秀的项目管理团队，以此确保电力工程管理工作的顺利开展。另一方面，电力工程管理模式的创新还应从设计阶段，即开始对造价、管理等各环节

的工作进行控制，有效提高电力工程管理工作效果，保障投资主体与施工单位的经济利益。另外，电力工程管理模式还应针对自身的实际情况选择整体承包或分项承包模式，以此确保管理模式的适用性。

三、电力工程项目管理的基本理论

我们提到了项目管理的定义，是指管理者在有限的资源下，为达到预定的目标而运用系统的理论和方法对项目涉及的全部活动及过程进行有效的管理和控制的行为。时间、成本、质量构成了项目管理的三个基本要素，是项目管理者在项目施工过程中需要重点关注的三个方面。项目管理作为一种理论研究最早起源于"二战"后期的美国，专门为了解决一些生产大型、费用高、进度要求严苛的复杂系统中所遇到的问题，最初主要应用于国防、航天、航空及建筑工业。在20世纪80年代，项目管理理论终于不只局限于以上高度复杂的系统中，而逐渐被各行业所引进。随着全球一体化的发展和各国信息技术交流的加深，项目管理理念被不断地更新和完善，并在很多国家很多领域得到了广泛的应用。

我国电力行业最初实行的是"建管合一"的开发方式，采用的是传统的三方管理模式，即"由业主分别与各专业施工承包商、设计承包商签定承包合同，另外业主再与监理单位签定委托—代理合同"，业主、承包商和监理构成项目管理的三方。这种三方管理模式具有通用性强、管理方法成熟、自由选择权大、投资少、便于合同管理和风险管理等优点，但同时也有周期长、管理费用较高、索赔风险大等缺陷。随着项目管理理念的引进及在我国各行业的普及，许多学者开始探讨该种项目管理模式在我国电力行业中的适用性。贾广社认为："选用该种模式管理项目时，业主方面仅需保留很小部分的基建管理力量对一些关键问题进行决策，而绝大部分的项目管理工作都由PMC来承担。PMC作为业主的代表或业主代表的延伸，帮助业主在项目前期策划、可行性研究、项目定义、计划、融资方案，以及设计、采购、施工、试运行等整个实施过程中有效地控制工程质量、进度和费用，保证项目的成功实施，达到项目寿命期技术和经济指标最优化。"其他学者也都论述了项目管理模式应当取代传统的模式，运用到我国电力工程项目管理中。在学者们对项目管理模式在我国电力行业中的可行性不存在争议时，新一轮的关于采用何种项目管理理论的探究又开始了，先后提出了以下几种理论成果。

（一）目标管理理论

目标管理理论认为，项目管理者可以通过预先设定可测量的目标，并不断纠正现实与拟订目标之差距的方法来对整个工程进行管理。作为一种控制和计划的手段，目标管理方法常被企业集团用于员工激励或绩效评价。目标管理理论旨在使个人目标与企业目标、分目标与总目标实现绝对统一，通过纠正现实中偏离的个人目标、分目标而实现企业目标、总目标。总之，目标管理理论采取目标导向的原则，将众多关键活动结合起来，从而实现全面有效的管理。对员工个人来说，目标管理理论可以帮助他们判断工作的轻重缓急，合理安排资源和时间；对管理层来说，目标管理理论能帮助他们从琐碎的事务中理清思路，提高管理的有效性。然而，由于目标管理方法首先就是全体人员对共同的目标有统一认识，再进行目标的分解和落实，所以它目前比较适合对管理人员的管理和对企业内部的管理。而且在实际操作中这种方法不可能覆盖到工程项目涉及的所有人，特别是项目实施时的基层工人。如前所述，电力工程项目通常都是十分庞大和复杂的系统，会涉及许多协作单位和个人，若在电力工程项目中运用目标管理理论，首先在制订共同目标方面恐怕就得花费一番工夫，对基层施工人员的监督和控制也存在一定风险。所以，本书认为目标管理方法在目前还不适用于我国电力工程项目的管理。

（二）KPI 管理理论

KPI（Key Performance Index），即关键业绩指标评价法，是指预先对各岗位的业绩进行指标量化，然后运用这些量化的指标来衡量员工实际表现的管理方法。建立在杰出管理体系的基础上，KPI 的核心是价值创造。在 KPI 评价法的帮助下，枯燥毫无头绪的财务报表会变成最直观的商业模型。对管理层来说，KPI 可以帮助管理者发现数字背后隐藏的问题，找到问题的根本所在，从而对症下药；对员工层来说，KPI 可以使他们明了自身的定位和价值及如何实现自身的价值。如果说目标管理方法引导每个岗位清晰明白地知道了自己的目标和方向，那么 KPI 就起着帮助每个岗位如何实现目标、创造价值的作用。如同目标管理法一样，KPI 目前也被广泛运用于企业集团中员工的考核和管理；然而也像目标管理理论一样，KPI 若运用到电力工程项目中，恐怕会遇到同样的难题。

（三）过程管理理论

过程管理，顾名思义即在管理过程中不断地进行调整和控制的管理方法。过程管理理论把项目分为 4 个过程组，即启动过程组、执行过程组、控制过程组和收尾过程组。与目标管理理论相反，过程管理理论认为，管理工作应该是一个动态的行为，只有对项目不断地进行"计划—执行—检查—纠正—计划"的循环控制，才能及时发现并更正管理中的漏洞。过程管理理论极其重视管理过程中的检查和纠正工作，认为检查和纠正的频度将会对管理的精度造成直接影响。尽管目标管理理论与过程管理理论的基点刚好相反，一静一动，但它们却是相辅相成不可分割的关系。如何将两者有效结合起来仍是项目管理学科中的一个热门课题。

（四）PMI 管理理论

PMI 是美国项目管理协会（Project Management Institute）的简称。经过三次修订，PMI 最终提出了项目管理的三重制约——时间、范围和成本，以及九大知识体系——项目整合管理、项目范围管理、项目时间管理、项目成本管理、项目质量管理、项目人力资源管理、项目沟通管理、项目风险管理、项目合同管理。由此可见，项目管理不是一般的管理，除了一般的管理知识外，一个好的项目管理者还必须具备人力资源、财务、设备与固定资产等方面的专业知识，只有这样才能在三重制约中完成特定的项目目标。

另外，还有一些学者分别从进度控制和成本控制的角度，研究了具体的管理方法。常见的进度管理方法有甘特图（Gantt Diagram）、工作分解结构（WBS），计划评审技术（PERT）和关键路径法（Critical Path Method）；常见的成本控制方法有收益价值管理技术（Earned Value Management）。

第二节　中国电力行业发展现状

电力行业是整个国民经济的基础和命脉，在中华人民共和国成立以后，中国的电力行业取得了长足的发展。经过50多年的努力，特别是改革开放以来的快速发展，电力供需形势经历了从过去的严重短缺到目前的基本平衡的发展历程。

1949年年底，中国发电装机容量为185万千瓦，年发电量仅43亿千瓦时，在世界上位居第21位和第25位。到1990年年底，全国发电装机容量达到13,500万千瓦，年发电量为6,180亿千瓦时，跃居世界各国的第4位。到2000年年底，全国发电装机容量达到3,1900万千瓦，年发电量为13,600亿千瓦时。到2001年年底，全国发电装机容量已达到33,400万千瓦，年发电量达14,650亿千瓦时，发电总装机容量和发电量位居世界第2，电力工业已经满足适应了国民经济发展的需要。

目前中国已掌握了30万千瓦、60万千瓦的亚临界大型机组的设计制造技术，电力行业的技术装备水平已进入超高压、大电网、高参数和大机组的时代，计算机调度自动化系统已普遍应用于电力生产，生产管理现代化手段先进，基本实现了与世界先进水平的接轨。

但是，随着中国加入WTO，加快电力体制改革、提高电力工业的竞争力已成为有关各方的共识。经过几年的艰苦讨论，2002年4月12日中国电力体制改革方案最终得到了确定，国务院已经批准实施，中国电力行业将迎来新的发展。

一、行业发展现状

（一）中国电力行业成就回顾

中国自改革开放以来，电力工业实行"政企分开，省为实体，联合电网，统一调度，集资办电"的方针，大大地调动了地方办电的积极性和责任，迅速地筹集资金，使电力建设飞速发展。从1988年起连续11年每年新增投产大中型发电机组按全国统计口径达1,500万千瓦。各大区电网和省网随着电源的增长加强了网架建设，从1982年到1999年年底，中国新增330千伏以上输电线路372,837公里，新增变电容量732,690MVA，而1950年至1981年31年间新增输电线路为277,257公里，变电容量70360MVA。

目前中国基本上进入大电网、大电厂、大机组、高电压输电、高度自动控制的新时代。电网发展的主要标志是：

（1）中国现有发电装机容量在 200 万千瓦以上的电力系统 11 个，其中东北、华北、华东、华中电网装机容量均超过 3，000 万千瓦，华东、华中电网甚至超过 4，000 万千瓦，西北电网的装机容量也达到 2，000 万千瓦。其他几个独立省网，如四川、山东、福建等电网和装机容量也超过或接近 1，000 万千瓦。

（2）各电网中 500 千伏（包括 330 千伏）主网架逐步形成和壮大。220 千伏电网不断完善和扩充，到 1999 年年底 220 千伏以上输电线路总长达 495，123 公里，变电容量达 593，690MVA。其中 500 千伏线路（含直流线路）达 22，927 公里，变电容量达 801，20MVA。

（3）1990 年中国第一条从葛洲坝水电站至上海南桥换流站的 ±500 千伏直流输电线路实现双极运行，使华中和华东两大区电网实现非同期联网。

（4）随着 500 千伏网架的形成和加强、网络结构的改善，电力系统运行的稳定性得到改善。1990 年至 2000 年间系统稳定破坏事故比 1980 年至 1990 年下降了 60% 以上。

（5）省及以上电网现代化的自动化调度系统基本完成。

（6）以数据通信为特征的覆盖全国各主要电网的电力专用通信网基本形成。

（二）发展现状及问题分析

1. 总体现状

到 2000 年年底，中国发电装机容量达到 31，900 万千瓦，年发电量 13，600 亿千瓦时。到 2001 年年底，中国发电装机容量已达到 33，400 万千瓦，年发电量达 14，650 亿千瓦时，发电总装机容量和发电量位居世界第二，电力工业已经基本满足国民经济发展的需要。

随着"西电东送"战略的实施，500 千伏超高压交、直流输变电线路发展迅速，"十五"期间将基本形成大区联网，打破各省自我平衡的局面，实现更大区域内的能源资源优化配置。

1998 年开始城乡电网改造，在全国范围内完善了配电网的建设，有效地缓解了制约城乡居民用电增长的因素。

随着中国国民经济保持健康、快速的增长，必将进一步促进电力工业的发展，预计"十五"期间每年将净新增装机 1，000 万千瓦以上。

2. 2001 年电力行业发展状况

2001 年中国电力工业继续保持平稳增长态势。2001 年中国 GDP 的增长速度为 7.3%，全社会用电量达到 14，530 亿千瓦时，同比增长接近 8.0%。2001 年中国的电力市场呈现以下特点：

①各行业用电量持续增长。电力需求在经济结构调整和消费拉动作用下保持有力增长，几个结构调整较大的行业，其用电增长表现出与以往不同的特征。前 10 个月，全国累计完成发电量 11，756.3 亿千瓦时，同比增长 8.46%，2001 年全年发电量和全社会用电量增长率在 7.8% 左右。从各行业用电情况看，除石油加工业和木材采运业外，各行业用电均保持增长态势，其中建材及非金属采矿业、其他采选业、纺织、橡胶、黑色金属、有

色金属等行业在较高增速的基础上继续保持两位数的增长，机械、造纸、炼焦炼气等高耗电行业也保持了 8% 以上的较高用电增长水平。第一、二、三产业和居民生活用电的比重为 3.8：72.6：11.1：12.5，与上年相比变化的趋势仍是一产业、二产业比重下降，三产业和居民生活用电比重上升。

②电力市场供求关系不同地区差异较大。各地区用电水平均比同期有所上升，地区之间用电增长不平衡。2001 年前 10 个月的电力生产情况表明，由于电源地区的分布不均衡，有个别地区在一些特定时段出现用电紧张。从各大跨区电网和独立省网的情况看，东北、华中、海南和川渝电网电力装机富裕较多，而本地区用电需求增长相对平缓，电力供大于求；安徽、内蒙古、山西有一定富裕，西北、福建、华北、华东、山东、贵州电网供需基本平衡，相对于需求增长，广东、浙江、河北南部地区和宁夏电力装机比较紧张，电力需求难以有效满足。

③各电网之间交换电量规模扩大。东北和华北在 2001 年 5 月实现跨大区联网，到 9 月底，东北送华北的电量已经达到 11.5 亿千瓦时；华东净受华中的电量也有较大幅度的增长，净受电量达到 16.5 亿千瓦时，同比增长 65.47%；二滩送四川和重庆的电量分别达到 63.4 亿千瓦时和 23.3 亿千瓦时，分别增长 49% 和 92.5%；西电送广东的电量达到 76.8 亿千瓦时，同比增长 39.3%；山西、蒙西送京津唐电量比去年同期有所增长。

④高峰负荷继续增大。2001 年电力负荷变化进一步加大，受七八月份高温天气的影响，华北、华东、华中、南方和西北电网负荷增长较快，福建、山东、海南和新疆等独立省网的负荷也有较大幅度的增长，主要电网中只有东北和川渝电网最高负荷略有下降，下降幅度分别为 0.88% 和 0.84%。从负荷特性变化情况看，高温天气对负荷的影响更加显著，空调降温负荷使得各电网峰谷差进一步加大，高峰期供需矛盾进一步尖锐。

⑤"西电东送"工程南部通道建设取得实质性进展。2001 年电力行业发展的重大事件之一是"西电东送"建设继续深入并取得实质性进展。"西电东送"工程与"西气东输"、"南水北调"、青藏铁路一起，是西部大开发的四项跨世纪工程。其中"西电东送"被称为西部大开发的标志性工程。"西电东送"由南线、中线和北线三个部分组成，其中南线是"十五"期间建设的重点。"西电东送"南线建设目标是：到"十五"末实现云南、贵州和广西向广东送电规模 700 万千瓦，三峡向广东送电规模 300 万千瓦。

二、发展趋势

（一）电力需求预测及分析

1.电力需求将保持稳步增长

"十五"期间中国经济增长速度预期为年均 7% 左右。分析、综合各方面的研究结果，预计"十五"期间中国电力需求的平均增长速度为 5%，实际增长速度可能略高一些，但相对"九五"各年的增长速度，"十五"期间将比较平稳，电量的总供给与总需求基本平衡。预测到 2005 年中国年发电量将达到 17，500 亿千瓦时以上。

2. 用电构成将继续发生变化

经济结构调整使得电力需求结构发生较大变化，突出表现在：第二产业用电比重减小，第三产业和居民生活用电比重相应增加；工业内部高耗电行业（冶金、化工、建材等）和传统行业（纺织、煤炭等）用电比重减小，低电耗、高附加值产业的用电比重相应增加。综合考虑经济全球化进程的加快和中国加入世界贸易组织，以及经济结构调整和产业升级的逐步推进，预计第一产业用电将稳定增长；第二产业随着结构调整和增长方式的转变，单位产值电耗将进一步降低，在全社会用电中的份额会逐步下降；第三产业用电在全社会用电中的份额将逐步上升；城乡居民用电将继续保持快速增长。

3. 各地区供需平衡的差异将逐步缩小

在总量基本平衡的同时，当前各地区的电力供需情况存在明显差异。东北电网、福建电网和海南电网电力装机过剩较多。华中电网和川渝电网由于水电比重较大、调节性能差，丰水期电力过剩。华北电网、华东电网、山东电网和广西、贵州、云南电网电力供需基本平衡，电网中的局部地区存在短时供应不足的情况。广东电网 2000 年以来，在用电高峰期出现了电力供应紧张的局面。"十五"期间，随着进一步实施宏观调控和电网之间的互联，各电网之间的供需平衡差异将逐步缩小。初步分析，东北电网、海南电网供过于求的情况还将延续一段时间；广东、浙江、河北南部等局部地区供应不足的问题在"十五"初期有可能加剧；其他地区将基本保持供需平衡。

4. 电价对电力需求的影响将趋于明显

随着中国经济体制改革的不断深入，以及各行各业市场化程度的不断提高，电价对电力需求的影响日趋明显。主要表现在两方面：一是影响企业的用电水平。电价高于企业的承受能力时，用电量明显减少。二是影响高耗电产业发展的地区分布和现有布局。高耗电产业将纷纷由电价高的地区转移到电价低的地区，致使各地区电力需求增长格局发生明显变化。随着电力工业市场化改革的逐步推进，电力市场的供需状况将更多地受到电价水平的影响。

5. 负荷增长速度将持续超过用电量增长速度

随着经济的发展和人民生活水平的提高，近几年电力负荷特性发生了较大变化。特别是随着空调拥有量的不断增加，气温对用电负荷的影响越来越大，中国部分省份全年最高负荷逐步由冬季向夏季转移，导致年最大负荷增长的波动性增大。今后负荷的增长将继续高于用电量的增长，调峰矛盾日趋突出，电网需要的调峰容量逐年增加。"十五"电力供需的矛盾将主要表现在调峰能力不足，或是调峰的技术手段不能满足电网安全、稳定和经济运行的需要。

（二）2002 年电力行业展望

1. 宏观经济走势预测

2002 年预计国内 GDP 增长可以达到 7.0%，低于 2001 年全年 7.3% 的增长率。国际经济形势情况不乐观，直接影响中国 2002 年的出口形势。因此，2002 年促进内需持续扩张和经济稳定增长的任务十分艰巨。此外，由于全球性生产过剩、物价下降、过度竞争将更加突出，也会间接传到中国，加重中国已存在的通货紧缩压力。受国际需求下降、国内需求不足的双重影响，中国市场发展中的通货紧缩问题仍未得到缓解。从目前情况看，内需持续扩张的基础尚不稳固，2002 年消费需求增长幅度可能略有降低；有关专家预计 2002 年投资增长将难以继续保持高速增长态势。

综上所述，2002 年国内宏观经济形势走势对电力工业发展的积极作用十分有限。2002 年用电增长速度将低于经济增长速度，预计为 6% ~ 7%。

2. 电力供需基本平衡

综合分析宏观经济形势和电力供需形势，2002 年中国电力行业将出现以下形势：在今后一段比较长的时间内，伴随着国民经济的稳定发展，电力需求也将会保持一个相对平稳的增长速度。

电力供需基本平衡的格局不会发生根本改变，全国范围内电力供需仍将维持低用电水平下的买方市场的格局，不会出现全国性的缺电局面，但在前几年供需基本平衡，最近几年没有新增装机或新增装机容量很小的，以及一些水电比重较大的个别地区，在高峰时段或枯水期缺电现象还会出现。电力供需矛盾主要表现为高峰期电力短缺，峰谷差进一步加大，最大负荷增长的波动性还将进一步加大。

3. 煤炭价格变化对电力行业产生影响

中国煤炭价格 2002 年将稳中有升，预测 2002 年煤炭平均价格上扬 5% ~ 7%，因此部分地区火力发电企业的经营业绩将受到严重影响。2001 年，中国煤炭经济运行态势基本稳定，煤炭价格出现了几年来所没有的恢复性增长，全国煤炭库存明显减少，煤炭价格的恢复性上涨完全是由市场供求关系决定的。

预计 2002 年煤炭价格上升趋势已确定。一旦部分地区煤炭价格上涨太快和幅度太大，政府有可能采取措施进行行政干预，也不排除考虑煤炭市场的供需状况，国家和各省明年将对具备安全生产，符合煤炭生产条件，不影响国有重点煤矿生产的乡镇煤矿逐步进行重新验收、发证，恢复生产，但在短期内小煤矿产量不会有明显增长。

（三）电力体制改革

国务院于 2002 年 4 月 12 日批准了《电力体制改革方案》，并发出通知，要求各地认真贯彻实施。

1. 电力体制改革的指导思想按照党的十五大和十五届五中全会精神，总结和借鉴国内外电力体制改革的经验和教训，从国情出发，遵循电力工业发展规律，充分发挥市场配置资源的基础性作用，加快完善现代企业制度，促进电力企业转变内部经营机制，建立与社会主义市场经济体制相适应的电力体制。改革要有利于促进电力工业的发展，有利于提高供电的安全可靠性，有利于改善对环境的影响，满足全社会不断增长的电力需求。按照总体设计、分步实施、积极稳妥、配套推进的原则，加强领导，精心组织，有步骤、分阶段完成改革任务。

2. 电力体制改革方案的总体目标打破垄断，引入竞争，提高效率，降低成本，健全电价机制，优化资源配置，促进电力发展，推进全国联网，构建政府监管下的政企分开、公平竞争、开放有序、健康发展的电力市场体系。

3. "十五"期间电力体制改革的主要任务实施厂网分开，重组发电和电网企业；实行竞价上网，建立电力市场运行规则和政府监管体系，初步建立竞争、开放的区域电力市场，实行新的电价机制；制定发电排放的环境折价标准，形成激励清洁电源发展的新机制；开展发电企业向大用户直接供电的试点工作，改变电网企业独家购买电力的格局；继续推进农村电力管理体制的改革。

4. 改革方案厂网分开后，原国家电力公司拥有的发电资产，除华能集团公司直接改组为独立发电企业外，其余发电资产重组为规模大致相当的 3～4 个全国性的独立发电企业，由国务院分别授权经营。

在电网方面，成立国家电网公司和南方电网公司。国家电网公司作为原国家电力公司管理的电网资产出资人代表，按国有独资形式设置，在国家计划中实行单列。由国家电网公司负责组建华北（含山东）、东北（含内蒙古东部）、西北、华东（含福建）和华中（含重庆、四川）五个区域电网有限责任公司或股份有限公司。西藏电力企业由国家电网公司代管。南方电网公司由广东、海南和原国家电力公司在云南、贵州、广西的电网资产组成，按各方面拥有的电网净资产比例，由控股方负责组建南方电网公司。

5. 电价制度的改革

理顺电价机制是电力体制改革的核心内容，新的电价体系将划分为上网电价，输、配电价和终端销售电价。首先在发电环节引入竞争机制，上网电价由容量电价和市场竞价产生的电量电价组成。对于仍处于垄断经营地位的电网公司的输、配电价，要在严格的效率原则、成本约束和激励机制的条件下，由政府确定定价原则，最终形成比较科学、合理的销售电价。

6. 监管机构

根据电力体制改革方案，国家电力监管委员会将正式成立，并按照国家授权履行电力监管职责。

7. 改革进程

国务院的通知要求，电力改革的实施工作要在国务院统一领导下，按照积极稳妥的原则精心组织，区别各地区和各电力企业的不同情况，重点安排好过渡期的实施步骤和具体措施，在总体设计下分阶段推进改革。国务院各相关部门已在统一部署下，着手开展改革的各项工作，预计 2002 年将完成企业重组的各项主要任务。

第三节　电力行业的规制变迁

计划体制下发展起来的中国电力行业，在中国经济向市场经济体制转轨过程中也进行了几次重大体制改革。然而，在告别电力短缺、"计划性"轮流供电的年代之后，近几年中国大部分地区又出现了电力供给紧张的局面。再次凸显了电力工业依旧存在垂直一体化垄断的弊端，引发了对电力体制改革取向的争论。

一、规制改革的动因

电力产业经济特征弱化。整体而言，电力产业属于自然垄断产业，但大量国内外文献表明，电力行业各环节存在不同程度的自然垄断性。高压输电、低压配电环节自然垄断特性强，而在发电、供电环节自然垄断性弱，因此要视自然垄断的强弱采取不同的规制政策。还有技术进步、市场范围的扩大在很大程度上改变了自然垄断的界限和范围，客观上要求政府的规制政策也要有相应的动态变化。

垂直一体化垄断制约电力产业发展。中国电力产业的主体是垂直整合的国家电力公司，作为电网的运营者，又是电厂的经营者，且电网在电力生产中具有生产指挥权，哪个发电公司发多少电全由国家电力公司说了算，这样垂直一体化体制的弊病就完全暴露出来了。

在垂直一体化的经营中，由于电网营运业务是垄断性的，而发电、电力设备供应、电力销售业务是竞争性的，产生了企业内部业务间的交叉补贴行为。电网内部各发电厂发电成本差异很大，但在电网公司的大家庭中，通过交叉补贴，各电厂都能在市场上生存下来。"吃大锅饭"的内部机制抑制了效率较高电厂的积极性，产生了棘轮效应。

售电领域存在着电价形成机制的问题和电价结构不合理。在电力部 1998 年撤销后，电力企业投资、运营、成本规制及财务监督由不同部门分别负责，导致电价规制失去了有效信息的支撑，形成了定价的倒逼机制，加剧了电价的不合理。先建厂后定价造成电力工程建设成本缺乏约束，电力工程造价不断攀升，导致电价过高，加重用户负担。

尚未彻底解决的垂直一体化问题严重阻碍了中国电力工业的市场化进程，势必要求政府进行管理体制的改革，逐步分离政府职能和企业职能，通过结构性重组引入市场竞争。

二、规制改革中存在的问题

电力的规制变革涉及市场结构和经营体制的变革，以及现代电力规制体制和现代电力企业的建立，目的是破除垂直一体化垄断。然而在改革过程中，仍存在政府规制错位、越位及不到位的现象，体现在以下几大问题中。

规制侵占问题。规制侵占指的是由垄断到竞争的政策变化违背了原垄断运营商与规制机构订立的规制合同，甚至侵占原垄断运营商的资产。

规制错位现象。比如，政府的宏观调控与电力规制相混淆。宏观调控的对象是经济增长率、通货膨胀率、失业率及国际收支等经济总量，运用的手段是货币政策和财政政策；而电力规制内容决定价格结构、审核企业财务收支、批准市场准入、处罚违规行为等。多年来我国电力规制一直被当作政府的宏观调控手段，如在通货膨胀时期，压制终端售电价格特别是居民用电价格就常被作为抑制物价上涨的重点领域，从而使已经扭曲的终端售价体系更加扭曲。

"省间壁垒"现象。各省的电力企业通过各种方式最大限度地保护本省利益，区域电力市场很难建立。尽管区域市场交易会给该区域带来净收益，但各省所得利益并不均衡。送电省因为输送省外的电价低于受电省，必然要求电价相同；受电省认为外来电能直接减少本地发电，就排斥外来电能，这样电力资源优化配置出现很大障碍。"省间壁垒"现象的存在完全是行业规制职能与地方保护主义冲突的结果。

负外部性问题。主要是指环境成本问题。由于中国煤炭资源比较丰富，且长期缺电，而火电投资少、见效快，因此火电在中国整个电力供应中约占 3/4 的比重，由此造成了较严重的环境污染问题。

规制的法律框架不健全。《电力法》已实施五年，但许多必要的配套法规仍迟迟未能出台，尤其是经济规制方面的法规和规章，基本上还是空白，具体的操作规则也很缺乏。众所周知，成本规制是价格规制的基础，但至今仍没有一部反映电力工业规制需要的成本规则。项目审批、价格制定、成本监控及服务监督等各方规制决定做出之前，相互之间必须进行协调，但应如何协调？无"规"可循。

第二章
电力工程标准化管理

第一节 标准化管理

标准化是在经济、技术、科学及管理等社会实践中，对重复性事物或概念，通过制订、发布和实施标准，以简单化、统一化、系列化、通用化、组合化等作为其主要手段和形式使其达到统一，以获得最佳秩序和社会效益。

标准化管理是随着工业技术发展起来的一种管理方法，它为不同部门之间和企业之间的技术交流和合作提供了一种标准通道，减少了互相适应不同技术标准的麻烦。所谓标准化管理是指工程运行中，在提出标准化要求、贯彻实施标准和标准化要求的总任务方面，对计划进行组织、协调、控制，并对人员、经费及标准化验证设施等进行的管理。标准化管理的目标是通过对项目管理的环节制定相关标准，使项目管理过程由不标准状态向较标准状态，由较标准状态向更高一级标准状态做有方向的运动。

标准化管理具有计划、组织、指挥、协调和监督五项职能，通过其保证标准化任务的完成。这五项职能相互联系和制约，共同构成一个有机整体。通过计划，确定标准化活动的目标；通过组织，建立实现目标的手段；通过指挥，建立正常的工作秩序；通过监督，检查计划实施的情况，纠正偏差；通过协调，使各方面工作和谐地发展。

（一）指挥职能

指挥职能是标准化管理工作的职能之一。其主要是对标准化系统内部各级和各类人员的领导或指导，目的是保证国家和各级的标准化活动按照国家统一计划的要求，相互配合、步调一致，和谐地向前发展。

（二）组织职能

组织职能是标准化管理工作的职能之一。其主要是对人们的标准化活动进行科学地分工和协调，合理地分配与使用国家的标准化投资，正确处理标准化部门、标准化人员的相互关系；目的是将标准化活动的各要素、各部门、各环节合理地组织起来，形成一个有机整体，建立起标准化工作的正常秩序。

（三）计划职能

计划职能是标准化管理工作的职能之一。其主要是对标准化事业的发展进行全面考虑，综合平衡和统筹安排；目的是把宏观标准化工作和微观标准化工作结合起来，正确地把握未来，使标准化事业能在变化的环境中持续稳定地发展，动员全体标准化人员及有关人员为实现标准化的发展目标而努力。

（四）监督职能

监督职能是标准化管理工作的职能之一。其主要是按照既定的目标和标准，对标准化活动进行监督、检查，发现偏差，及时采取纠正措施；目的是保证标准化工作按计划顺利进行，最终达到预期目标，使其成果同预期的目标相一致，使标准化的计划任务和目标转化为现实。

（五）协调职能

协调职能是标准化管理的工作职能之一。其主要是协调标准化系统内部各单位、各环节的工作和各项标准化活动，使它们之间建立起良好的配合关系，有效地实现国家标准化的计划与目标。

标准化是指导协调企业管理，扎实巩固企业基础的重要手段。在企业的深化发展中，能够为决策者制定制度、明确发展方向，提供科学的决策依据和重要手段。现代企业的生产是建立在先进技术、严密分工和广泛协作基础上的，其中任何一个环节都需要标准化的规范，从而提高工作质量，实现对生产现场作业安全、质量的可控和在控，并达到技术储备、提高效率、防止再发、教育训练的整体目标。

第二节　电力行业中的标准化

一、电力行业的特性

电力企业特点有三个。一是公用性，电力供应涉及千家万户，是国民经济发展的重要保障；二是垄断性，电力公司在一个区域只有一家，这是中国乃至世界电力企业一个共同的特点，因而电力企业不用进行新产品的研发及推广；三是电能本身不能储存，发、供、用同时完成。基于上述特点分析，对电力企业而言，确保电力供应的安全、可靠应是电力企业生存和发展的基础。

尽管电力工业的产品十分单一，但其生产过程却相当复杂，各部门之间具有严密的并行协同关系。

进入 20 世纪 90 年代以来，我国电力行业加快了改革的步伐，逐渐从高度集权垄断转向市场化竞争，从之前的厂网分离转换到电力企业实体化，随后出现的独立资本等，都可以解释深入改革的步伐在逐渐加快。然而，在电力企业改革的同时电力企业的结构也发生了根本的变化。与此同时，统一的流程管理标准对于长期处于垄断地位的电力企业各个部门来说是很欠缺的，如技术管理、计划管理、经营用电管理、物资管理等，许多部门的管理流程没有通用的规章制度，这也使得管理难度加大。

二、电力企业的标准化

由于电力行业自身的特性，使电力标准化具有与一般企业标准化管理不同的特性。

近年来，伴随着电力工业的改革与发展，为适应电力市场发展的需要，电力行业不断完善标准化工作网络，加强标准化规章制度建设，同时积极采用国际标准，加快了与国际接轨的步伐。在修订电力生产建设方面的重要标准、明确电力工程建设的技术法规，以及推动电力企业标准化体系建设等方面做了大量积极的工作。

电力行业管理标准化可以按照电力工业部 1 号令《电力工业部标准化管理办法》、国家经贸委 10 号令《电力行业标准化管理办法》和国家发改委《行业标准制定管理办法》三个电力标准化行业规定划分为三个管理层次。其中，国家发改委是电力标准化行政主管部门，国家发改委工业司负责电力标准化的行政管理业务，能源局负责电力标准的技术归口。中电联在国家发改委领导下，负责电力行业标准化的具体组织管理和日常工作。

《中华人民共和国标准化法》规定：标准化工作的任务是组织制定标准、组织实施标准和对标准的实施进行监督。标准的制定应遵循国家标准、行业标准、地方标准、企业标准、强制性标准，以及推荐性标准的制定原则。电力行业规定包括《电力行业专业标准化技术委员会章程》《电力行业标准化指导性技术文件管理办法》电力企业技术标准备案办法》《电力行业归口有关国际电工委员会技术委员会（IEC/TC）工作管理办法》《电力标准复审管理办法》《电力行业标准制定管理细则》《电力行业标准化技术委员会管理细则》，这些法规制度的建立，使电力行业标准化工作有章可循，为顺利开展电力标准化工作提供了制度保证。

我国电力工业标准起步于 20 世纪 50 年代，起先基于苏联电力工业的标准，制定了与我国电力设计、施工、运行、检修和测试等方面相关的标准，这在确保我国电力工业快速发展和安全发电及供电方面起了重大作用。自 60 年代起，原水利电力部时期，结合我国电力工业的实践经验，修订了原有标准，并制定了一批新的标准。80 年代中期，原能源部、电力工业部和国家经贸委时期，专门设立了标准化管理机构，标准化工作得到较快发展。2003 年，国家发展和改革委员会行使电力行业标准化管理职能，中电联负责电力行业标准化的具体组织管理和日常工作。为了帮助电力企业适应社会主义的市场经济体制，满足电力工业的改革和发展的需求，提高电力标准的时效性和电力标准的质量，到现在为止，我国的电力标准共有 1489 项，其中电力国家标准有 234 项，电力行业标准有 1255 项。这些标准几乎囊括了电力行业所需要的各个专业，以满足电力企业建设、生产、运营及管理的需求，同时确保电力工程的安全性、经济性和适用性，保证和提高电力工程质量，促进电力工业技术进步，改进服务和产品质量，提高效益全运行，促进科研成果和新技术的推广应用，确保电力系统安全。

电力标准体系可以促进电力工业科技进步、确保电力工程质量和安全、提高生产效率、降低资源消耗、保护环境等，但是它是以相互关联、相互作用的标准集成为特征。单独标准难以独立发挥其效能，若干相互关联相互作用的标准综合集成一个标准体系才能实现一个共同的目标。电力标准体系是一个复杂系统，由许多的单项标准集成，它们要根据各项标准间的相互联系和作用关系，集合组成有机整体。因此，为发挥其系统的有序功能必须把一个复杂的系统实现分层管理。任何一个系统都不可能是静止的、孤立的、封闭的，电力标准体系只有根据新技术、新材料、新设备和新工艺的出现进行补充和完善，才能满足电力工业发展的需要。如何把电力标准体系内的标准按一定形式排列起来，并以图表的形式表述出来，便形成了电力标准体系表，它可以作为编制标准制定或修订规划和计划的依据之一，是促进电力标准化工作范围内达到科学合理和有序化的基础，是一种展示包括现有、应有和预计发展标准的全面蓝图，并将随着科学技术的发展而不断地得到更新和充实。

三、电力企业标准化管理的问题

我国电力企业标准化管理在贯彻国家有关部门制定标准的同时，电力企业制定标准的数量和质量逐年提高；同时，将标准化与质量管理和经济责任制挂钩，对产品质量和经济效益的提高起到了重要的作用。近年来，电力企业积极采用国际标准和国外先进标准，增强了企业在国际市场上的竞争能力。然而，在电力企业标准化管理工作大力开展的同时，也暴露了一些问题。

（一）电力企业管理制度落后和激励机制不健全

电力企业标准化竞争意识不强，导致企业标准化科研成果少。很多企业在标准化管理的推行中直接套用其他企业已经制定或开发的标准体系，并未衡量自身发展情况、管理现状、技术水平是否适用于其他企业已经应用成熟的标准化管理模式。

（二）企业标准体系不健全，基础工作薄弱

电力企业更重视管理标准的制定和贯彻，忽视与管理标准配套的其他技术标准和工作标准，很多标准内容不健全，并未考虑标准与标准之间的联系与制约，导致标准之间的协调性差，不能适用于实际工程建设和管理流程。

（三）落后的设备和技术原因，不善于参照国家标准制定企业内控标准

很多企业生产标准没有安全要求，未考虑影响人身安全、人体健康、环保等方面的问题，试验方法不全、技术条件和试验方法不对应等。

（四）电力企业标准化管理缺乏实际应用，很多企业虽然制定了标准，但在生产和工作中不执行，形同虚设，标准未对企业起到任何作用

企业标准的实施是整个企业标准化管理的一个关键环节，只有在实践中实施才能发挥其应有的作用和效果；只有在贯彻实施中才能对标准的质量做出正确的评价，才能发现标准中存在的问题，从而进行修改和完善，使之对企业的发展产生效益和影响。

第三节 配网基建工程的标准化

一、配网基建工程标准化建设的背景

基建工程标准化是根据国家相关法律、法规规定，行业相关规程、规范及上级制定的工作标准，对工程建设的工作流程、工艺要求和设备材料进行规范，以明确工程的各项要求，达到高效率高质量的施工效果，具有很强的约束性和严肃性。基建工程的标准化建设管理分为事前控制、事中控制、事后控制三个阶段。其内容均体现在对工程标准化流程的控制和对工程主要技术工艺的管理上，其中包括从工程的启动、原材料的购买、出入库的管理、工程设备的管理、现场施工的过程控制、验收工作的移交等多方面的全过程管理。工程标准化建设是按照统一的标准化管理程序和统一的管理内容，对基建工程进行精益化、效率化、标准化、系统化、规模化和规范化的管理，起到减少因标准不明确而引起的各类问题，消除基建工程的安全隐患，提升基建工程的总体水平，起到对基建工程的标准化管理作用。

电网的发展长期以来集中在对输电网的建设上，随着高电压大区域输电网络的形成，与配网投入和建设的不匹配日益显现，配电网方面的技术性能落后及陈旧的设备仍在继续使用，都可能会导致频繁发生事故，造成设备的损坏，危及人身财产安全，直接影响人民的生产生活和经济建设的发展。为了满足社会对电能不断增加的需求，并提高企业的经济效益和社会效益，配电设备的技术性能及质量的提高就显得相当重要。如何合理规划、严格工艺标准、从根本上优化电网结构，降损节能，是摆在电力工作者面前的一个重要课题。一套合理完善的配电网工程标准化模式与先进设备的配合使用是提高配电网工程建设安全质量和工艺水平的基础。我国大部分配电网是在城市建设的同时发展起来的，建成时间早，基础设备差，配电网在原来的线路设备基础上进行改造的难度大，资金需求也大，因而做好配电网工程建设的统筹规划就尤为重要。它的标准化体系首先从配电装备上要满足现代城市的发展要求，同时要达到运用先进的技术、运行安全可靠、操作维护方便、经济合理、节约能源等要求，并要符合环境保护的政策。

二、施工准备阶段标准化要求

配网基建工程的标准化管理体系，在开工前的准备阶段，需要对项目策划、招标管理、建设协调、原材料进场检验、设计交底等进行相应的安排和规定，根据工程特点、投资额度、地理位置及单位实际情况初步制定工程的管理体系，在行政、人事、财务等方面形成垂直领导，做到科学管理、合理调配，达到资源的有效配置。

（一）项目管理策划

遵照上级公司基建部的要求，制定项目管理策划范本；督促项目管理部按照项目管理策划范本，结合工程具体情况，编制项目管理策划。

（二）招标管理

参与制定市公司设计、施工、监理招标管理规定，参与相关招标工作；参与审查市公司基建项目物资需求、施工需求、物资类招标文件技术条款，参与相关招标工作。

（三）建设协调

加强与相关部门的汇报沟通，建立各电压等级工程属地化建设协调机制，相关部门应充分利用对外协调优势资源，统一步调加强地方关系协调，及时解决影响项目进度计划实施的项目核准、征地拆迁、通道手续办理等外部环境问题。推动各级政府制定支持电网建设的相关文件，争取将电网建设工作纳入各级政府责任考核目标。

策划、组织与政府有关部门的座谈交流活动，建立定期协调机制，讨论协调解决措施，主动提出有关建议，积极影响政府的有关政策制定。通过多种途径，及时向上级公司基建部反映建设过程中的困难与问题，并提出解决问题的建议。通过了解各业主项目部在建设过程中的困难与问题，不定期组织公司相关部门，设计、施工、监理单位召开工程建设协调会议，协调解决公司基建项目建设过程中的困难与问题。

（四）施工组织设计

根据确定的项目质量管理目标，各参建单位应进行质量管理策划，形成施工组织设计。施工组织设计应按照质量管理的基本原理编制，有计划、实施、检查及处理（PDCA循环）四个环节的相关内容，包含质量控制目标及目标体系分解，达成质量目标的质量措施、资源配置和活动程序等。施工组织设计应包括下列内容：编制依据、项目概况、质量目标、组织机构、管理组织协调的系统描述、必要的质量控制手段、检验和试验程序等，确定关键过程和特殊过程及作业的指导书，与施工过程相适应的检验、试验、测量、验证要求，更改和完善质量计划的程序等。施工组织设计一般由施工项目部总工组织编制，合同单位技术负责人审批，报送项目监理部审查。

（五）设计交底及施工图纸会审

工程设计是决定工程质量的关键环节，设计质量决定着项目建成后的使用功能和使用寿命，设计图纸是施工和验收的重要依据。因此，必须对设计图纸质量进行控制，开工前应进行设计交底和施工图会议审查。不经会审的施工图纸不得用于施工。设计交底在施工图会审前进行，目的是使参建各方透彻地了解设计原则及质量要求。设计交底一般由建设单位组织，也可委托监理单位组织。

设计单位交底的内容一般包括：

1. 设计意图、设计特点及应注意的问题。

2. 设计变更的情况及相关要求。

3. 新设备、新标准、新技术的采用和对施工技术的特殊要求。

4. 对施工条件和施工中存在问题的意见。

5. 施工中应注意的事项。

施工图纸交付后,参建单位应分别进行图纸审查,必要时进行现场核对。对于存在的问题,应以书面形式提出,在施工图审查会议上研究解决,经设计单位书面解释或确认后,才能进行施工。

图纸会审由各参建单位各级技术负责人组织,一般按班组到项目部,由专业到综合的顺序逐步进行。图纸会审由建设单位(或委托监理单位)组织各参建单位参加,会审成果应形成会审纪要,分发各方执行。

(六)原材料进场检验管理

材料合格是工程质量合格的基础。工程原材料、半成品材料、构配件必须在进场前进行检验或复检,不合格材料应进行标识,严禁用于工程半成品、构配件。

(七)特殊作业人员资格审查

人的行为是影响工程质量的首要因素。某些关键施工作业或操作,必须以人为重点进行控制,确保其技术素质和能力满足工序质量要求。对从事特殊作业的人员,必须持证上岗。监理应对此进行检查与核实。

(八)设备开箱检验管理制度

设备开箱检验由施工或建设(监理)单位供应部门主持,建设、监理、施工、制造厂等单位代表参加,共同进行。检验内容是:核对设备的型号、规格、数量和专用工具、备品、备件数量等是否与供货清单一致,图纸资料和产品质量证明资料是否齐全,外观有无损坏等。检验后做记录。引进设备的商品检验按订货合同和国家有关规定办理。

三、施工过程标准化管理

(一)施工流程及关键环节标准化控制

基建工程标准化作业的过程中,要针对工程进度、合同管理、现场旁站和巡视制定相应的管理制度,使工程进度和质量满足设计要求。

1. 施工进度管理

严格按照合理工期编制进度计划、组织工程建设,工程建设强制性规范、"标准工艺"中有明确保证质量的最低周期要求的建设环节,必须保证相应工序的施工时间。在项目因前期或不可控因素受阻拖期时,要对投产日期进行相应调整。缩短工期的工程,必须制定保障安全质量和工艺的措施并落实相关费用，履行审批手续并及时变更相关合同后方可实施。

根据公司要求，指定统一格式，组织各项目负责人对下一年度的基建进度计划进行编制；会同发展策划部、生产技术部、调度中心、招投标管理中心、各供电公司、各业主项目部、设计、监理等单位，召开专题会议，评审下一年度基建进度计划；按照合理工期，对项目"可研批复、初步设计、招标、开工、施工、交货、验收、投产、竣工决算"逐月排定进度；将公司年度基建进度计划报上级公司基建部审批，并按要求进行调整；汇总各业主项目当月进度计划执行情况，公司直属业主项目部、各供电所签订《建设管理委托协议》时，将每个项目的计划进度要求作为重要条款；每月对计划完成情况进行统计、分析；每半年对进度计划进行同业对标考核；以公司文件形式印发各供电所当月计划执行情况，并下达下月计划；对未完成计划的单位进行通报。

2. 合同管理

参与制定公司设计、施工、监理合同范本；制定公司建设管理委托合同范本；定期抽查市公司直属业主项目部、各供电分公司建设管理委托合同执行情况；要求各业主项目部定期上报设计、施工、监理单位合同执行情况。

3. 项目管理综合评价

制定项目管理综合评价指标与评价标准，组织各业主项目部进行工程总结及自评。按照国家电网公司、市公司优质工程评价方法开展工程综合评价工作，并择优推荐项目参加更高级别奖项的评选。

4. 施工技术交底制度

施工技术交底是施工工序中的首要环节，施工作业前应做好技术交底工对技术交底工作进行监督。做好施工技术交底工作，是取得好的工程质量的一个重要前提条件。施工技术交底的目的是使管理人员了解项目工程的概况、技术方针、质量目标、计划安排和采取的各种重大措施，使施工人员了解其施工项目的工程概况、内容和特点、施工目的，明确施工过程、施工办法、质量标准等，做到心中有数。技术交底应注重实效，必须有的放矢，内容充实，具有针对性和指导性。要根据施工项目的特点、环境条件、季节变化等情况确定具体办法和方式。项目技术负责人应向承担施工的负责人或分包人进行书面技术交底，并履行交底人和被交底人全员签字手续。在每一分项或关键工程开始前，必须进行技术交底。未经技术交底不得施工。监理应对技术交底工作进行监督。

5. 设计变更管理制度

经批准的设计文件是施工及验收的主要依据。施工单位应按图施工，建设（监理）单位应按图验收，确保施工质量。但在施工过程中，由于前期勘察设计的原因，或由于外界自然条件的变化，未探明的地下障碍物、管线、文物、地质条件不符等，以及施工工艺方面的限制、建设单位要求的改变等，均会涉及设计变更。设计变更的管理，也是施工过程质量管理的一项重要内容。

6. 旁站、巡视监理制度

旁站是指在关键部位或关键工序施工过程中由监理人员到现场进行的质量监督活动。在施工阶段，很多的工程质量问题都是由于现场施工操作不当或不符合规程、标准所致，抽样检验和取样操作如果不符合规程及质量标准的要求，其检验结果也同样不能反映实际情况，只有监理人员现场旁站监督与检查才能发现问题并有效控制。巡视是监理人员对正在施工的部位或工序现场进行的定期或不定期的质量监督活动。它不限于某一部位或过程，是不同于旁站的"点"的活动，是一种"面"上的活动，使监理人员有较大的监督活动范围，对及时发现违章操作和不按设计要求、不按施工图纸、不按施工规范、不按施工规程或不按质量标准施工的现象，进行严格地控制和及时地纠正，能有效地避免返工和加固补修。

7. 工序质量交接验收管理制度

上道工序应满足下道工序的施工条件和要求。各相关专业工序交接前，应按过程检验和试验的规定进行工序地检验和试验，对查出的质量缺陷及时处置。上道工序不合格，严禁进入下道工序施工。

8. 见证取样送检管理制度

为确保工程质量，国家建设部规定，对工程材料、承重结构的混凝土试块、承重墙体的砂浆试块、结构工程的受力钢筋（包括接头）实行见证取样。见证是由监理现场监督施工单位某工序全过程完成情况的活动。见证取样是对工程项目使用的材料、半成品、购配件进行现场取样，对工序活动效果进行检查和实施见证。实施见证取样时，监理人员应具备见证员资格，取样人员应具备取样员资格，双方到场，按相关规范要求，完成材料、试块、试件的取样过程，并将样品装入送样箱或贴上专用加封标志，然后送往试验室。

9. 原材料跟踪管理办法

为了使工程质量具有可追溯性，应制定工程原材料使用跟踪管理办法。

（二）安全质量问题与事故处理管理制度

1. 质量事故报告制度

当在工程建设过程中，出现质量事故后，应根据质量事故性质，分级上报，并进行事故原因调查分析。工程事故（事件）由安监部门归口进行调查处理和责任追究，工程建设或工程质量原因引起的安全生产事故（事件），追究工程建设阶段相关单位和人员的责任。对负有事故责任的公司所属施工、监理等工程参建单位，除按合同关系追究责任外，还要按内部管理关系追究责任，性质严重的要追究到责任主体的上级单位。性质特别严重的事故，施工项目部应在24小时内同时报告主管部门、项目监理部、建设单位、电力建设工程质量监督机构。并于5日内由项目部质量管理部门写出质量事故报告，经项目部经理和总工程师审批后报上级公司质量管理部门、建设单位、项目监理部、主管部门。

2. 工程质量问题处理制度

按照《国家电网公司安全事故调查规程》《国家电网公司安全工作奖惩规定》《国家

电网公司质量事件调查规程》《国家电网公司工程建设质量责任考核办法》的相关规定，以管理权限、工作职责为依据，合理界定工程建设安全质量事故（事件）的责任，依据国家相关法规明确和细化公司安全质量事故（事件）的分级分类，规范各级事故（事件）的报告、调查流程，明确处理原则。

工程质量问题是由工程质量不合格或工程质量缺陷引起的，在任何工程施工过程中，由于种种主观和客观原因，出现不合格项或质量问题往往难以避免。建立工程质量主要责任单位和责任人员数据库，对工程投运后的质量状况进行跟踪评价，主体工程、主要设备在设计使用年限内发生质量问题，通过对主要责任单位和人员在公司进行通报、在资信评价中扣分、在评标环节对其进行处罚、依法进行索赔等措施，追究相关单位和人员的责任。

对于质量问题，应本着"安全可靠，技术可行，经济合理，满足工程项目的功能和使用要求，不留隐患"的原则，按照质量问题的性质和处理权限进行处理。按照工程建设合同中的工程质量违约索赔条款，发生质量违约行为后，除了采取扣除质量保证金等手段外，对工程质量事故或缺陷造成的各类直接经济损失，由相应的勘察设计、设备制造、施工安装等责任单位依法按合同约定进行赔偿。重大质量事故处理方案，应经项目监理部审核、建设单位审批。质量问题处理完毕，应经监理检查验收，实现闭环管理。

3. 质量问题闭环管理制度

将工程创优、质量事故控制、"标准工艺"应用等重要质量指标细化分解，明确各项目的具体工程质量控制目标，将相应的责任落实到具体单位与人员，对质量目标完成情况进行全面考核。对未能完成工程质量目标的单位，通过"说清楚"等方式查明原因，进行通报批评，纳入同业对标与业绩考核。工程实际质量指标明显低于控制目标时，在对主要责任人员的绩效考核、项目管理岗位任职等方面，实行工程质量责任"一票否决"。

对于各类质量问题及其处理结果，项目质量管理部门要建立质量问题台账记录，予以保存。应利用台账记录，定期进行质量分析活动，采取预防措施，避免同类事故再次发生。重大质量事故处理方案及实施结果记录应由项目质量管理部门存档和竣工移交。

4. 施工质量责任及考核管理制度

完善资信评价管理办法，对施工、设计、监理、物资供应等单位的安全管理、产品或服务质量、履约能力等进行评价，定期发布资信评价结果，纳入合同管理与招标评标工作。明确各参建单位项目质量管理各级人员的质量责任和具体分工负责范围，充分利用同业对标、综合评价，以及各项规章制度中明确的评价手段，做到责任落实到人，避免职责不清、管理职能重复。对公司项目前期、工程前期、工程建设各阶段工程安全质量责任落实情况的绩效评价，利用中间评价结果改进相应环节的管理工作，将最终评价结果与业绩考核、表彰奖励等管理手段中的奖惩措施挂钩。建立科学、合理的考评标准，对其工作质量进行考核，体现"凡事有人负责，凡事有人监督"的原则。施工项目部质量管理责任人包括项目经理、项目总工、专职质检员、班组（施工队）兼职质检员、施工作业人员等。项目监理部质量管理责任人包括项目总监理工程师、专业监理工程师、监理员等。设计项目部质量管理责任人包括项目经理、项目总工、主设人等。

　　建立健全的施工质量管理体系对于取得良好的施工质量效果具有重要的保证作用。质量管理体系包括项目质量管理组织机构、管理职责、各项质量管理制度、管理人员及专职质检员、兼职质检员、取样员、测量员的上岗资格等。监理应审查施工项目部建立的质量管理体系，对其完善性和符合性进行审核，以确定其能否满足工程质量管理的需要，并对人员到岗情况进行核查。项目监理机构也应建立和完善自身的质量监控体系。

　　对达标投产、优质工程标准和具体评价指标的研究，按年度滚动更新具体考核内容。严格按规定开展优质工程自查，发挥总部分部一体化的工程质量管理优势，适当增加优质工程抽查范围、比例和批次，确保严格落实优质工程考核标准。加强达标创优成果的应用，在后续工程建设中积极应用创优经验、改进工作质量，研究达标创优考核与各级验收相结合的机制，加强对验收工作质量的评价与考核，强化过程质量管理。

　　工程施工环节，质量监督员重点检查工程"三措一案"编制是否合理，工程是否按照设计执行，材料质量是否合格，工程质量（重点是隐蔽工程）是否符合规程要求，施工工艺是否美观。项目开工后，质量监督员应通过进入施工现场进行监测、监察、拍照、录像等形式，对基础工程、主体工程、隐蔽工程，以及影响施工功能、安全性能的重要部位、主要工序进行监督检查或抽查。质量监督专责对工程施工环节进行质量督查应不少于2次，督查应填写工程质量督查记录。

　　保证工程分包单位的质量，是保证工程施工质量的前提条件之一。在施工承包合同允许分包的范围内，总承包单位在选择分包单位时，应审查分包单位的基本情况，包括企业资质、技术实力、以往工程业绩、财务状况、施工人员的技术素质和条件等。

　　监理应审查分包单位施工组织者、管理者的资质与质量管理水平，特殊专业工种和关键施工工艺或新技术、新工艺、新材料等应用方面操作者的素质与能力；审查分包的范围和工程部位是否可以分包，分包单位是否具有按承包合同规定的条件完成分包工程任务的能力。

　　施工机械设备的技术性能、工作效率、可靠性及配置的数量等，对施工质量有很大影响。合理选择施工机械的性能参数，要与施工对象特点及质量要求相适应，其良好的可用状态，也是工程质量的保证条件。施工项目部应建立施工机械维修保养管理制度。项目监理部应对投入的施工机械性能、数量及完好的可用状态进行核查。

四、工程质量检验及竣工验收

（一）工程检验及验收管理制度

　　工程竣工验收应按照检验项目、检验批、分项、分步、单位工程的顺序进行逐级检查验收。工程竣工验收制度应明确工程检验批、分项、分步、单位工程的划分；检验项目的性能特征及重要性级别；检验方法和手段；各级质量检验的程度和抽检方案、比例；检验所依据的工程质量标准和评价标准；验收应具备的条件、程序和组织方式等内容。以河北省电力公司农网改造工程项目，10kV 农网升级改造验收单为例。

（二）工程档案资料管理制度

以河北省电力公司农网改造升级为例，该档案资料统一、规范，结合农村电网改造升级工程的实际，在总结农网完善工程和县城电网改造工程档案管理经验的基础上，编制了《河北省电力公司农村电网改造升级工程档案目录》，同时一般配网工程项目档案以下列几个方面为标准：

1. 必须保证档案与工程实施同步建立。
2. 保证档案资料的原始性、规范性和完整性，并达到标准化的要求。
3. 农村电网改造升级工程档案要专柜永久保存。
4. 竣工验收程序制度要系统、详细。

单位工程竣工后，进行最终检验和试验，以确定工程项目达到的质量标准和质量目标。规定竣工验收的程序，应包括施工单位的质量三级检验、监理单位的竣工初验制度、启动验收的组织方式及验收程序。

第三章
电力工程合同管理

第一节 工程项目合同管理概述

一、工程项目合同管理的概念和目标

（一）工程项目合同管理概念

工程项目合同管理是指对工程项目整个过程中合同的策划、签订、履行、变更及解除进行监督，对合同履行过程中发生的争议或问题进行处理，从而确保合同的依法订立和全面履行。合同管理贯穿于工程项目，从招投标、合同策划、合同签订、履行直到合同归档的全部过程。

（二）工程项目合同管理目标

工程项目合同管理直接服务于项目和企业的总目标，必须保证它们的顺利完成。所以，工程项目合同管理不仅是工程管理，而且是企业管理的一部分。具体目标包括：

首先是保证整个项目在预定的成本和工期内完成，同时达到预定的质量要求。

其次是达到承发包双方的共同满意，即在双方的共同努力下，发包方对承包方的服务质量感到满意；同时承包方对发包方提供的利润、得到的服务信誉感到满意，双方建立了彼此的互信关系。

最后是合同管理过程中工程问题的解决公平合理，符合企业经营和发展战略对其的要求。

二、工程项目合同管理的基本原则

（一）合同当事人应严格遵守国家的法律法规，在合同管理的过程中坚决贯彻协商一致、平等互利的原则

只有这样，才能维护双方的权利，避免引起合同纠纷等问题。

（二）合同管理的过程中要实行各种权利既相互独立又相互制约的管理原则

工程项目中行使的权利包括调查权、批准权、执行权、监督权、考核权等。同时在工程项目管理机构的设置上要完全杜绝个人或一个部门权力高度集中的情况发生。合同管理的过程要做到有岗位就要监督，有权力就要制衡。

（三）实行分类归口的合同管理原则

当涉及多个子合同时，必须按合同性质将之分类归口到一个部门进行统一管理。这样就避免了多头管理及权责不清等情况的发生。

（四）坚持合同管理全过程的审查及法律咨询原则

在合同管理的各个阶段都必须以实施承办部门为主、同时领导逐级审查原则，同时尽可能在公司内部成立相关的法律咨询顾问机构，从而可以实施对合同的全过程监督及咨询，保证合同执行中的合法性。

（五）合同至上原则

在项目的执行过程中，必须严格按照合同规定办事，任何时候都要奉行合同至上的原则。

三、合同管理在工程项目管理中的作用

（一）合同管理是实现工程项目目标的手段之一

工程项目的目的是实现成本、质量和工期的预期目标，只有在合同中明确规定整个项目的各个阶段、内容，明确各方的权利和义务，才能有效地实现工程项目的目标。

（二）在整个工程项目中，合同管理起到监督和执行的职能

这个职能主要体现在参与各方能不能严格按照合同规定来履行义务和实现权利。

（三）合同管理是整个工程项目管理的核心

合同管理贯穿于整个项目管理中。任何一个工程项目的实施都是以签订一系列承发包双方合同为前提的，如果忽视了合同管理就意味着无法对工程的质量、进度、费用进行有效地控制，更无法对人力资源、工程风险等进行管理。所以，只有抓住合同管理这个核心，才能统筹调控和管理整个工程项目，最终实现工程项目目标。

四、工程项目合同寿命期的阶段划分

（一）合同总体策划

在我国现行的工程项目管理体制下，业主在工程的建设和管理中处于主导地位，所以，业主的合同策划在整个合同策划中起着主要作用，而承包方的合同策划则处于从属地位，直接受业主的合同策划的影响。

1. 业主的合同策划

一般包括以下四个方面的问题。

（1）工程项目承发包方式及合同范围的确定

随着现代科学技术的发展，工程建设项目在规模、技术等方面都发生了很大变化，所以，工程项目业主需要根据自己的管理能力、工程项目的具体情况，以及其对工程项目管理经验的不同，综合考虑适合该工程的承发包方式和合同范围，以达到降低成本、缩短工期和提高工期质量的目的。

（2）合同类型的选择

合同类型不同，相应的应用条件、合同双方的权利和义务分配及承担的风险也不同。合同类型有总价合同、单价合同、成本补偿合同、目标合同。

（3）合同条件的选择

合同条件是合同协议书中最重要的部分之一。合同条件的选择一般应注意以下三个问题：首先，应尽量使用标准的合同文件。其次，合同条件的选择应与合同双方的管理能力相符合。最后，选用合同条件时应考虑，如 FIDIC 施工合同条件等的制约。

（4）其他问题

在合同的策划中，如确定资格预审的标准、最终投标单位的数量等，都是业主需要优先考虑的问题。

2. 承包商的合同策划

承包商作为工程项目中重要的一方，在合同策划时应考虑以下三个方面的问题：

（1）根据自身的经营战略要求，选择投标项目。

（2）准确及时地进行合同风险的评价。

承包商在承包工程项目时，必须对该工程项目进行风险评价，如果风险过大，就要综合考虑，看公司的财务能力等是不是能够承受。

（3）选择恰当的合作方式。

一般有分包和联合承包两种。

3. 合同总体策划的步骤

合同策划的一般步骤有如下：

（1）确定企业和项目对合同的要求。

（2）确定合同的总体原则和目标。

（3）在分析研究项目的要点和问题的基础上，提出相关的合同措施。

（4）协调工程各种相关合同。

（二）招投标合同管理

工程项目的主要任务都是通过招投标实现的，合同的实质性内容在招标文件中都已体现，招标结果确定了将来签订合同的基本内容和基本框架。因此，招投标合同管理在整个合同管理体系中显得十分重要。招投标合同管理主要包括以下四个方面的内容。

1. 工程项目勘察、设计招投标合同管理

工程项目勘察、设计合同的签订是在确定中标人（承包商）之后。该合同的签订必须参考相关的法律法规，如《中华人民共和国建筑法》《中华人民共和国合同法》《建筑工程勘察设计管理条例》等。

2. 工程项目监理招投标合同管理

监理合同，即委托合同。主要是业主委托监理单位，为其所签订的合同进行监督和管理。委托标的物为服务，受托方（监理单位）一般为一个独立机构，拥有专业的知识、经验和技能。在监理合同的制定中，必须明确监理人的权利和义务，如在其责任期内，若因为过失造成经济损失时应承担的责任等。

3. 建设工程施工招投标合同管理

该合同是工程合同中的主要合同之一，其规定了工程相关的投资、费用和进度等要求。在现代化市场条件下，招投标合同签订的好坏直接影响到将来工程的实施情况。建设工程施工招投标合同的管理内容主要包括施工合同双方的权利和义务、工程报价单、工程量清单、对工程进度控制条款的管理，以及对工程质量控制条款的控制等。

4. 评标过程中的合同管理

评标是招投标合同管理中最重要的一项。国家计委等七部委在 2001 年颁布的《评标委员会和评标方法暂行规定》中规定准备、初步评审和详细评审为各行业必须共同遵守的三个评标基本程序。《招标投标法》规定投标人应符合下列条件之一：①能够最大限度地满足招标文件中提到的各项综合指标；②能够满足招标文件中提到的实质性要求，同时经评审其投标价格最低，但投标价格不能低于成本。

我国工程评标的主要程序由初步审核、资格审核、技术评审、商务评审、综合评审或者价格比较及评标报告组成。

（三）合同实施管理

1. 合同总体分析

合同总体分析中分析的主要对象是合同协议书及其合同条件；过程是将合同条款落实到带全局性的问题和事件上来；目标是用来指导工作，同时保证合同的顺利实施。

2. 合同交底

合同交底是通过组织项目管理人员及工程负责人了解和学习合同条文；熟悉合同主要内容和管理程序；知道合同中责任的范围，从而能够避免合同履行过程中的各种违约行为。

3. 合同实施控制

合同实施控制主要指参照合同分析的成果，对整个工程实施过程进行全面的监督、对比、检查及纠正的管理活动。合同实施控制的内容主要有落实合同计划、指导合同公证、协调各方关系、对合同实施情况的分析、工程变更与工程索赔管理等。

4. 合同档案管理

在合同的实施过程中，为避免自身合法权益受到损害，做好现场记录并保存好记录显得尤为重要。其主要包括合同资料的收集、加工、储存及资料的提供输出等。

（四）合同索赔管理

索赔在工程项目中经常发生，许多国际承包商总结出的工程项目经验是"中标靠低价，盈利靠索赔"，因此合同索赔管理也应引起项目管理者的特别重视。工程项目合同的索赔一般包括以下两种情况：第一，业主由于未履行合同对应的责任而违约；第二，由于业主行使合同赋予的权利而变更工程导致未知的事情发生。另外，在施工索赔中，要特别注意施工索赔提出的时效性、合法性及策略性。

（五）合同变更管理

合同变更管理是指在工程的施工中，工程师有权根据合同约定对施工的程序、工程中的数量、质量、计划进程等做出相应的变更。因为在大型的工程项目中承包商有权先进行指令执行，然后再对合同价款等进行相关的协商，而工程变更会带来一系列的影响。比如，延长工期、增加费用、工程量、合同价等都可能发生变化，所以对合同变更的管理是合同管理中的重要一项。

第二节　合同管理的主要内容

在电厂建设中，合同的使用范围是相当广泛的。由于经济额度大、技术质量要求高等原因，正式合同一般以书面形式出现，如合同书、信（函）件、数据电文（包括电报、电传、传真电子数据交换和电子邮件）等可以有形地表现所载内容的各种形式。合同内容无论从公正还是从自我保护角度都应充分、全面。

一、施工合同

施工合同是指发包人与承包人签订的，为完成特定的建筑、安装施工任务，明确双方权利和义务关系的合同。在该合同法律关系中，发包人是建设单位（业主），承包人是承担施工任务的建筑人或安装人。施工合同属于双务合同，是对工程建设进行质量控制、进度控制、投资控制的主要依据。

施工合同的标的是建筑（包括设备）产品，建筑产品不能或难以移动。每个施工合同的标的都不能替代。电厂建设现场复杂、工作量大，施工人员、机械、材料都在不断移动，施工图纸繁多，技术难度较高，同时对施工的质量和工期都有较严格的要求，这些都决定了施工合同内容的多样性。

施工合同的履行直接影响着工程建设，特别是对建设工期的控制，大多数情况下取决于施工进度。所以在电厂建设中对施工合同管理非常严格：合同的内容和约定要求以书面形式出现，如果用其他形式，也以书面为准，如会议、协商、口头指令等均需事后形成书面文件。

施工合同又分为建筑施工合同（电厂场地平整、土木建筑和设备基础工程），以及安装施工合同（电厂机械、电气等设备安装工程）两大类。

二、货物供应合同

电厂工程与一般的土木建筑工程有很大区别，其专项设备投资约占整个电厂投资费用的40%。设备的买卖合同对电厂投资非常重要，同时对电厂建成后的生产技术、成本、发电产量也起着决定性因素。此类合同数一般占整个工程总合同数的60%以上，不但数量多，合同内容也十分繁杂，有上万字的合同，也有不足一张纸的协议，都必须管理好。

设备供应合同以转移设备的财产所有权为目的，同时对性能重要或技术复杂及费用昂贵的设备还要在合同内约定设备出售过程中和售后的服务等内容。

1.买卖双方当事人的基本权利和义务是交付设备与收取货款、接受设备与支付货款。

2.买卖合同是诺成合同。买卖合同以当事人意思表示一致为其成立条件，不以实物的交付为成立条件。

3.买卖合同中特别要对标的物交付地点做出明确规定，标的物的所有权自标的物交付时转移。

三、工程咨询合同

咨询合同是指具有承担咨询工作能力的一方为建设单位提供工程建设咨询意见或某种服务，而建设单位据此向咨询方支付报酬的协议。在国际上工程咨询是多方面、多方位的，覆盖面相当广泛。

（1）投资资金研究，如工程的可行性研究、项目现场勘察等。

（2）项目准备工作，如估算项目资金、建筑设计、工程设计、准备招标文件等。

（3）工程实施服务，如接受业主委托进行施工监理或项目管理等。

（4）技术服务，如进行技术培训、管理咨询等。

在国内，特别是在电厂建设领域，主要涉及以下几个内容。

（一）工程勘察及设计合同

工程勘察是指为工程建设的规划、设计、施工、运营及综合治理等，对地形、地质及水文等要素进行测绘、勘探、测试及综合评定，并提供可行性评价和建设所需的勘察成果资料，进行工程勘察、设计、处理和监测的活动。

工程设计是指运用工程技术理论及技术经济方法，按照现行技术标准，对新建、扩建、改建项目的工艺、建筑、设备、流程、环境工程等进行综合性设计（包括必须的非标准设计）及技术经济分析，并提供作为建设依据的文件和图纸的活动。

工程勘察、设计是电厂建设的基础工作，电厂的质量、生产成本、投资、进度均与设计紧密相连。可以说有个好的勘察及设计，工程就有了一半成功的希望。

建设工程勘察、设计合同是委托方与承包方为完成一定的勘察、设计任务明确双方权利义务关系的协议。建设工程勘察、设计合同的委托方一般是项目建设单位（业主）或建设工程承包单位；承包方是持有国家认可的勘察、设计证书的勘察设计单位。合同的委托方、承包方均应具有法人资格。

勘察、设计合同要符合规定的基本建设管理程序，应以国家批准的设计任务书或其他有关文件为基础。但在我国目前计划经济向市场经济转型过程中，存在很多实际情况，我们应根据我国的国情，在市场经济的原则下，既要努力进行工程的建设，更要按照国家有关法规积极、努力办理项目的各种手续。

（二）工程监理合同

按照国家的要求及国际惯例，电厂工程都需进行建设监理。监理单位依据建设行政法规的技术标准，综合运用法律、经济、行政和技术手段，进行必要的协调与约束，保障工程建设井然有序地顺畅进行，达到工程建设的投资、建设进度、质量等的最优组合。建设监理合同是建设单位（业主）与监理单位签订的，为委托监理单位承担监理业务而明确双方权利义务关系的协议。

工程监理是市场经济的要求，工程监理制在我国刚刚兴起。由于社会或监理单位自身的原因，监理工作目前还未达到公认的要求，所以监理合同也有差别。

监理合同是委托性的，是受建设单位（业主）委托后，监理单位具有了从事工程监督、协调、管理等工作的权利和义务，监理合同必须与施工合同、设计合同等配合履行，相互间不能有矛盾。建设单位要将监理单位的权利和义务相关内容告知施工或设计等第三方，同时应将施工合同、设计合同等告知有关监理单位。

（三）调整试验合同

电厂工程需要对设备、对系统进行调整试验，使之达到相应的生产技术指标后进入生产运行。调整试验合同是调试单位凭借自身的技术、经验等能力，给建设单位提供电厂建设中运行试验的指导、咨询服务。在实际工作中，调试需要资质、技术上有相对的独立性，调试单位不承担提供调试过程中电厂运行、试验所需的材料和正常工作情况下的设备、机具等。合同中的权、责视电厂的设备和调试单位的自身工作来划分，费用依此划分而确定。

四、工程总承包合同

工程总承包合同是指建设单位（业主）就工程项目与承接此项目的承建商就工程的全部建设或部分建设所签订的包揽合同。工程承包合同的工程范围相当广泛，它包括电厂的勘察、设计、建筑、安装及提供设备和技术等。因工作范围大，合同的履约期较长，投资较大，风险也大，当然利润就可能大。在国内，政府对电厂建设的承包控制较严，只有少数国内企业有总承包资质，在国际上有相当数量的公司有总承包工程的能力和业绩。目前，国内电厂建设中实行工程总承包方式的主要原因是：大多数设备由国外供货，投资方为外方或外方占有较大比例而进行工程总承包。比如，广东珠海电厂、沙角"C"电厂。

承包合同在价格方面有两种方式：固定总价合同和成本加酬金合同。为了及时正确评估工程造价、减少法律纠纷，一般采用固定总价合同。

五、其他合同

如前文所述，电厂工程建设合同众多，除上述几种基本合同之外，常用的还有以下几种。

（一）工程保险合同

电厂工程投资额度大、工程周期长，在建设中，设备、施工、设计时人身和设备都存在被伤害、受损失的风险。在国内以往的工程管理中，对此认识不足，以致损失频频。要转嫁、分解工程风险，签订工程保险合同是最佳的方法。工程保险合同是指投保人（建设单位）就工程建设中存在的风险，向保险人（保险公司）支付一定的保险费，在被保险人遭遇规定的灾害事故造成其财产毁损或人身伤害后，由保险人承担相应经济补偿或给付保险金责任而达成的协议。

工程建设涉及的保险合同包括财产保险和人身保险。在现阶段，电厂建设中常见的主要保险合同有：建筑工程一切险、安装工程一切险，以及附加的第三者责任险。每个险种所覆盖的范围可以是工程全部，也可以选择部分。考虑到工程的实际风险大小和保险业务费用的多少，有选择地投保是目前常用的办法。比如，广东省连州粤连电厂有限公司对其所投资的连州电厂在建设中对主要设备($15,262万元)投保了安装工程险及第三者责任险，主要是考虑到这些主机设备（汽机、锅炉、发电机、磨煤机、给水泵、电除尘等）对电厂影响大、后果严重、风险度高；考虑到公司的资金和风险的大小程度等原因，对其他项目暂未投保。

（二）土地使用权转让合同

工程建设与土地的使用是紧密相连的。在中华人民共和国境内，城市土地属于国家所有，除此之外的土地除由法律规定属于国家所有的以外，则属于集体所有。由于电厂厂区一般都与市区有一定的距离，建设中所取得的土地使用权，绝大多数是由政府依法征用转为国有土地后再将使用权有偿转让给电厂。

土地使用权的转让是一个政策性很强的工作。在当前的转让合同中，政府处于主导地位，企业基本上是跟从。但企业一定要注意合同手续的完备性，完善所有的法律文件，避免将来的麻烦事。要特别注意的是不要同集体签订大宗或长久转让使用权的合同。

（三）货物运输合同

在电厂工程中，大量的设备需由供货厂转运到工地现场并储存保管。这部分工作有时候是包在了设备供应合同或施工合同中，有时候又是独立成为一个合同。无论如何，这部分工作都需要在合同中明确。货物运输合同是由承运人将承运的货物送到指定地点，而托运人则向承运人交付运费的劳务性协议。特别要注意的是，在电厂建设中，设备的运输途中被损坏的现象屡见不鲜，对运输保险，特别是对关键货物的运输要购买足够的保险，以减少损失，保证工程顺利进行。

1. 货物运输合同大多数是国家有关部门制定的标准合同，这是因为目前国家对铁路、航空实行的是垄断经营，价格很难调整。公路、水路运输量占电厂货物运输的大部分，所以货物运输合同在电厂建设中主要是保证货物到达时间、保证运输途中的货物质量不受损坏。

2. 如果货物的主要部件（如设备、材料等）是国内供应的话，对这些货物还存在日常联系、生产供应商跟踪问题。货物催交就是要使货物能按规定时间交付使用（或运输），因为目前大部分国内供应商都或多或少地拖延合同规定的供货时间。

鉴于上述两种情况，在电厂建设中，业主把货物运输与催交作为一个工作中不可分割的内容，也就是运输合同中包含有催交的责任及相应的权利及费用等。

（四）银行贷款合同

电厂投资主体已实现了多元化，资金的来源主要有三种渠道：

A. 自筹资金（包括发行股票、债券等）；B. 向国外金融机构贷款（包括银行借贷）；C. 利用外资及其他渠道。作为企业来讲，总是希望大量使用银行贷款，尽量减少自有资金。按《国务院关于固定资产投资项目试行资本金制度的通知》〔国发 1996-335〕号规定，投资电厂建设的资金不低于建设总投资的 20%。可见电厂投资的 80% 可以借贷。

借款合同就是建设单位作为借款人从银行或其他金融机构取得一定数量的资金（货币），经过一段时间后归还相同数额的金钱并支付利息。贷款合同对借款方（建设单位）的要求非常严格，要求借款方应具备如下基本条件：

（1）贷款基础上必须具备相关的项目建议书、可行性研究报告（或设计任务书等有关条件）。

（2）贷款的建设项目总投资中，各项建设资金来源必须正当、落实，要有不少于总投资 20% 的自筹资金提前存入有关金融机构。

（3）借款方有较高的管理水平和资信度，并能提供资产抵押担保或者由符合法定条件、具有偿还能力的第三方担保。对于新建电厂的建设贷款，因为电厂还未形成资产，担保往往由股东单位承担。

第三节　施工合同管理

一、施工合同管理的特点、难点及重要性

（一）电力工程施工合同管理的特点

由于电力建设投资大、技术含量高、施工周期长等，带来施工合同管理具有如下特点：

1. 合同管理周期长、跨度大，受外界各种因素影响大，同时合同本身常常隐藏着许多难以预测的风险。

2. 由于电力建设投资大、合同金额高，使得合同管理的效益显著，合同管理对工程经济效益影响很大。合同管理得好可使承包商避免亏本，赢得利润。否则，承包商要承受较大的经济损失。据相关资料统计，对于正常的工程，合同管理好坏对经济效益影响达 8% 的工程造价。

3. 由于参建单位众多和项目之间接口复杂等特点，使得合同管理工作极为复杂、烦琐。在合同履行过程中，涉及业主与承包商之间、不同承包商之间、承包商与分包商之间，以及业主与材料供应商之间的各种复杂关系，处理好各方关系极为重要，同时也很复杂和困难，稍有疏忽就会导致经济损失。

4. 由于合同内外干扰事件多，合同变更频繁，要求合同的管理必须是动态的，合同实施过程中合同变更管理显得极为重要。

（二）电力工程施工合同管理的难点

1. 合同文本不规范。业主方在竞争激烈的市场上往往具有更多的发言权。有些业主在签约合同时为回避业主义务，不采用标准的合同文本，而采用不规范的文本进行签约，转嫁工程风险，成为施工合同执行过程中发生争议较多的一个原因。

2. "口头协议"屡禁不止。所谓"口头协议"是相对于"正规合同"而言的，正式合同用《施工合同示范文本》，但双方当事人并不履行，只是用作对外检查。实际执行是以合同补充条款形式或干脆用君子协定，此类条款常常是私下合同，把中标合同部分或全部推翻，换成违法或违反国家及政府管理规定的内容。

3. 施工合同与工程招投标管理脱节。施工企业招投标中"经济标""技术标"编制及管理与工程项目的施工合同管理，分属公司内不同职能部门及工程项目组。一旦投标中标，施工合同与甲方签约后，此"合同"只是以文件形式转给项目经理部，技术交底往往流于形式，最终使得施工合同管理与招、投标管理在实施过程中缺乏有效衔接，导致二者严重脱节。

（三）电力工程施工合同管理的重要性

合同主体资格瑕疵的风险。一般来说合同主体资格不可能出现瑕疵，但随着企业内外部环境的不断变化，合同主体资格存在瑕疵的情形却日益增多，具体表现为：业主工程未获得批复，由于方方面面压力，施工单位不得不先行进场作业。在此情况下，施工单位的风险极大。第一，在工程批复前，施工单位无法获得项目的运作资金，需持续垫资到工程正式批复并进入招投标程序为止。这段时间有可能是一年也可能是两年，而且这种工程往往是大型工程，对施工单位资金、安全压力较大。第二，由于工程未正式批复，一旦出现工程停建、缓建等不可抗因素，施工单位的窝工费用、先期投入费用很有可能无法获得补偿。第三，合同条款不同理解的风险。由于施工企业的弱势地位，议价能力差、合同条款的解释能力不强。实际工作中，一旦遇到条款描述得不精确、模糊，最终解释方向往往不利于施工单位。例如，《输变电工程施工合同》专用条款一般都会规定"建设场地征用及清理和跨越等政策处理工作费用由投标人自行报价包干，在工程实施时特殊情况超出标准确需调整时，超出部分经发包人审核同意后按一定比例支付"。近年来随着物权法实施、各地维权意识的提高，政策处理工作已成为工程建设的大难题，几乎所有工程的政策处理费用都将突破合同价，但是一些审价单位在审核工作中经常把政策性跨越不作为政策处理费用。政策性跨越是指为节约政策处理费用，对赔付费用高的地块用跨越架的形式来进行穿越，此类费用的发生由政策处理的原因引起，以跨越费用的形式来体现，应属政策处理费用范畴，并且按上述条款的字面解释也理应如此，但实际工作中施工单位获得补偿比较困难。

二、施工合同管理措施

电力工程施工合同中管理存在的问题，既有宏观控制的问题，也有微观管理的问题；既有外部环境的问题，也有企业内部自身的问题。因此，作为承包商，笔者认为应从以下几个方面进一步加强管理。

（一）提高合同认识

要通过宣传、培训，真正认识到施工合同是保护自己合法权益的武器和工具，是走向市场经济的道路和桥梁。要依法运用施工合同审查等手段，在事前避免或减少由于施工合同条款不完备、表述不准确而酿成的经济纠纷和损失。把合同意识和合同秩序作为约束社会经济行为的普遍准则。施工过程中加强项目管理和施工人员法制观念，真正树立社会主义市场经济所需要的群众法律水准，从根本上保证施工合同的履行。

（二）加强合同管理，建立工程担保制度

目前在我国还存在合同管理不严的问题，施工合同中只规定了施工单位履约保证金的提交金额及方式，而缺少业主的履约保证金的提交金额及方式，导致业主不按照合同约定支付工程进度款、不按照合同约定办理现场签证及竣工结算等违约行为时有发生，为此加

快业主担保制度的建设显得尤为重要。一是领导要从思想上给予高度重视，把施工合同管理同企业的计划管理、生产管理、组织管理并列来抓；二是从制度完善入手，建立合同实施保证体系，把合同责任制落实到具体的工程和人员；三是要配备专人管理，对招标文件、投标文件、合同草案及合同风险进行全面分折；四是健全合同文档管理系统，除施工合同外还要对招标文件、投标文件、合同变更、会议纪要、双方信函、履约保函、预付款保函、工程保险等资料进行收集、整理、存档。

（三）加强索赔意识

索赔是承包商保护自己的合法权益、防范合同风险的重要方法，是施工企业进入市场必须具备的市场观念和行为。首先，要敢于索赔，打破传统观念的束缚；其次，要学会索赔，要认真研究和合理运用合同中的索赔条款，建立有关索赔的详细档案，按合同约定的时间及时向业主和监理工程师报送索赔文件。

（四）实现工程造价改革

在实际施工中企业不得不放弃招、投标中的造价相关条款，重新编制施工预算，修改施工组织设计。施工单位在投标中只负责审核，并根据自身的管理水平及采购能力等报出适合自己企业的工程单项报价，在以后的施工中得以严格贯彻执行，这样就真正实现了招投标管理与施工合同管理的内在联系，并保证了管理实施的一致性。

三、完善施工合同管理制度

为进一步保证合同的风险得到控制，施工企业应制定与企业相适应的合同管理制度和规定，以实现合同的管理规范化、制度化、标准化。只有大力加强合同管理，完善企业内部合同管理的体系，才能从根本上控制合同的风险，并且完善的合同管理制度是预防、减少合同纠纷、提高企业管理水平的有效手段。

（一）不断完善合同风险的预控制度

加强合同风险的预控在风险管理中极其重要，如制定完善的合同评审、会签制度等。对合同的起草、谈判、审查、签约、履行、检查、清理等每一个环节都做出明确的规定，供合同管理人员执行，以达到风险预控的目的。

（二）不断完善合同风险的过程管理制度

以合同为基础，建立全过程的合同风险管控制度。合同签约后，管理负责部门应向合同执行部门及相关人员进行合同交底，使相关人员都对合同有一个全面完整的认识和理解，重点需指出合同中的风险点，并且提供防范与补救方法；时刻关注合同执行过程中由于内、外部环境变化所引起的新风险，及时辨认新的风险点并提供解决方案。

（三）不断完善合同风险的救济制度

对于那些无法避免的风险或没有预见风险的发生也应制定相应的风险救济制度。按照事先制定的程序应对风险，并且及时查核合同中可有效利用的条款，做好取证工作，从而保护好自己的合法权益。

四、施工合同的风险控制与管理

电力施工企业长期运作于系统内部，法律意识不强、议价能力较弱，经常出现施工企业被迫接受苛刻的合同条款解释的情形。本书试图梳理出电力施工企业可能面临的合同风险，特别是标准施工合同应用过程中可能碰到的问题，并提出应对风险的策略与制度保障，以此来提高电力施工企业的合同风险防范能力。

（一）电力施工合同风险识别

合同是施工企业管理工作的起点，合同管理工作的好坏直接关系着各个项目利润的高低，本书先梳理出电力施工企业在实际操作中可能面临的合同风险，从而为进一步的应对策略打下基础。

1. 合同主体资格瑕疵的风险

一般来说，合同主体资格不可能出现瑕疵，但随着企业内外部环境的不断变化，合同主体资格存在瑕疵的情形却日益增多，一般表现为业主工程未获得批复，由于方方面面压力，施工单位不得不先行进场作业。

在此情况下，施工单位的风险极大。首先，在工程批复前，施工单位无法获得项目的运作资金，需持续垫资到工程正式批复并进入招投标程序为止。这段时间有可能是一年也可能是两年，而且这种工程往往是大型工程，对施工单位资金、安全压力较大。其次，由于工程未正式批复，一旦出现工程停建、缓建等不可抗因素，施工单位的窝工费用、前期投入费用很有可能无法获得补偿。

2. 合同计价方式的风险

按照惯例，施工合同的计价方式可分为三大类型：总价合同、单价合同和成本加酬金合同。总价合同又包括固定总价合同和可调总价合同；单价合同包括估算工程量单价合同和纯单价合同；而成本加酬金合同包括成本加固定百分比酬金合同、成本加固定金额酬金合同、成本加奖罚合同、最高限额成本加固定最大酬金合同等。

上述计价方式的分类并无法条依据，中华人民共和国建设部颁发的《建设工程施工合同》（GF-1999-0201）第三部分专用条款中第六款"合同价款与支付"中也只粗略定义了三种计价方式：固定价格合同、可调价格合同、成本加酬金合同，但是在最新的《输变电工程施工合同》范本中，对计价方式没有相应定义，也没有标明具体操作方法，只是粗放地定义了合同价的不可调整范围，具体采用何种计价方式只能通过推定。

3. 合同条款不同理解的风险

由于施工企业的弱势地位，议价能力差、合同条款的解释能力不强，实际工作中，一旦遇到条款描述得不精确、模糊，最终解释方向往往不利于施工单位。

例如，《输变电工程施工合同》专用条款一般都会规定"建设场地征用及清理和跨越等政策处理工作费用由投标人自行报价包干，在工程实施时特殊情况超出标准确需调整时，超出部分经发包人审核同意后按一定比例支付"。近年来随着物权法实施、各地维权意识的提高，政策处理工作已成为工程建设的一大难题，几乎所有工程的政策处理费用都将突破合同价，但是一些审价单位在审核工作中经常出现不把政策性跨越作为政策处理费用。政策性跨越是指为节约政策处理费用，对赔付费用高的地块用跨越架的形式来进行穿越，此类费用的发生由政策处理的原因引起，以跨越费用的形式来体现，应属政策处理费用范畴，并且按上述条款的字面解释也理应如此，但实际工作中施工单位获得补偿比较困难。

4. 不公平条款的风险

《输变电工程施工合同》为减少业主方风险，部分条款的公平性还有待商榷。由于施工单位议价能力较弱，不得不承担不公平条款的风险，如通用条款规定：承包人的窝工损失（包括设备、图纸的暂时脱供）不得调整合同价。此条款的规定显然与《合同法》第283条、第283条相违背。《合同法》第283条明确规定："发包人未按照约定的时间和要求提供原材料、设备、场地、资金、技术资料的，承包人可以顺延工程日期，并有权要求赔偿停工、窝工等损失。"《合同法》第284条明确规定："因发包人的原因致使工程中途停建、缓建的，发包人应当采取措施弥补或者减少损失，赔偿承包人因此造成的停工、窝工、倒运、机械设备调迁、材料和构件积压等损失和实际费用。"

5. 发包人未按约定支付工程款的风险

由于大型基建工程资金落实较好，工程款的收取一般没有问题，但部分小型技改工程存在一定问题。所谓技改工程是指将原来已经有的生产设备进行技术改造、升级，来达到一个新的技术水平，此类项目往往涉及金额不大、项目种类多、申报手续复杂，常常会发生漏报、资金不足的情况，这也导致了施工单位无法收取工程款的情形。

（二）电力施工合同风险的应对策略

面对上述施工合同的风险，电力施工企业更应不断内省，找出管理工作中的薄弱点、突破点，消除管理工作中的缺陷、规范业务流程、防范风险。

1. 合同主体资格瑕疵的风险应对策略

系统内工程主体资格的瑕疵，往往是工程未获得批复等其他不可抗拒的原因造成，作为系统内的单位也更应理解此种情形的发生实属不得已而为之。为此，施工单位应及时掌握项目审批的进程，控制好资金使用，尽可能从业主方多获得帮助。同时，也应做好提前进场、赶工的签证记录工作，与业主方多沟通，尽可能地减少损失。

2. 合同计价方式风险的应对策略

尽管在签订施工合同时有标准施工合同范本，但如上所述，标准合同中对计价方式的规定还有不完善之处。目前合同对计价方式的规定更偏向固定总价，即由施工单位承担工作量风险，然而电力系统内部又采用工程清单报价，施工单位需承担价格风险，显然施工单位既承担了工作量风险又承担了价格风险，承担的风险较大。为此，在有些外部因素不可改变的情况下，合同签订时应尽可能地选择适用实际情况的计价方式。

对于工程量不大且能精确计量、工期较短、技术不太复杂、风险不大的项目，可以采用固定总价合同，并且可要求业主提供准确、全面的设计施工图纸和各项详细说明；对于一般的工程项目，如果风险可以得到合理地分摊，可以采用固定单价合同或可调价格合同，并且在与业主充分沟通的基础上，尽可能在专用条款中减轻施工单位的工作量风险，如招标遗漏的工作量、误工等风险应与业主公平地分担。

3. 合同条款问题引起风险的应对策略

不公平的合同条款、条款的不同理解往往在合同谈判、合同文本起草阶段已埋下成因，为规避上述风险可以注意如下几点：

（1）合同条款要表达清晰，用词准确，避免用词存在二性解释，避免条款互相抵触或逻辑不通的问题；合同内容需全面详细，重要问题、关键事项要在合同中得到充分体现和约定。

（2）要加大重要条款的审核力度，如工程计价方式、工程付款方式、工期、工程索赔、工程可变更范围、变更计算方法、不可抗力的范围、合同履约保证金等事项，若能较全面地审核上述几个要点，合同风险就能够得到有效降低与防范。

（三）不断完善电力施工合同管理制度

为进一步保证合同的风险得到控制，施工企业应制定与企业相适应的合同管理制度和规定，以实现合同的管理规范化、制度化、标准化。只有大力加强合同管理，完善企业内部合同管理的体系，才能从根本上控制合同的风险，并且完善的合同管理制度是预防、减少合同纠纷、提高企业管理水平的有效手段。

1. 不断完善合同风险的预控制度

加强合同风险的预控在风险管理中极其重要，如制定完善的合同评审、会签制度等。对合同的起草、谈判、审查、签订、履行、检查、清理等每一个环节都做出明确的规定，供合同管理人员依照执行，以达到风险预控的目的。

2. 不断完善合同风险的过程管理制度

以合同为基础，建立全过程的合同风险管控制度。合同签订后，管理负责部门应向合同执行部门及相关人员进行合同交底，使相关人员都对合同有一个全面完整的认识和理解，重点需指出合同中的风险点并且提供防范措施与补救方法；时刻关注合同执行过程中由于内、外部环境变化所引起的新风险，及时辨认新的风险点并提供解决方案。

3.不断完善合同风险的救济制度

对于那些无法避免的风险或没有预见风险的发生也应制定相应的风险救济制度。按照事先制定的程序来应对风险，并且及时查核合同中可有效利用的条款，做好取证工作，从而维护自己的合法权益。

加强电力施工合同的风险控制与管理，对提高企业管理水平及对电力企业的进一步市场化有重大意义。本书识别了当前内外环境下电力施工企业合同风险，提供了相应的应对策略，并进一步提出应从制度上保证合同风险的控制。

第四节　电力工程物资合同管理

电力企业中的合同管理主要是针对企业作为当事人对其合同依法进行订立、变更等一系列行为的总称，它不仅是企业对自身的一种管理行为，更是企业生产经营管理活动中的一部分。而物资管理是企业管理活动中的一部分，电力系统的物资具有专业性强、对时间要求高、库存时间短等特点，因此造就了电力系统中物资管理的特殊性。随着经济发展的加快、电力系统的不断发展，电力企业所投资的工程项目逐渐增加，面对逐年显著增加的所需物资，必须有一个合理且高效的物资管理。为了减少经济纠纷所产生的损失，完善电力系统中的物资合同管理是电力系统中迫切需要解决的问题。

一、电力物资流程控制

1.省公司下发中标结果并确定是否需要签订技术协议。一般来说，对于新应用设备材料、技术复杂或项目实施的管件设备材料，可根据需要组织项目管理部门、物资需求部门、设计单位等相关部门进行技术协议签订。

2.如果需要则组织签订技术协议，由市公司物资供应中心组织，项目主管部门负责人与供应商代表签订技术协议。

3.市公司物资供应中心采购员在 ERP 系统中创建采购订单。

4.市公司物资供应中心主任在 ERP 系统中审批采购订单。

5.判断采购订单是否通过审批。

6.采购订单审批通过，市公司物资供应中心合同专责根据中标通知书与供应商代表签订物资采购合同。

7.省市公司专工汇总合同签订材料，提出考评意见并下达。

二、物资合同管理关键点分析

电力物资采购合同签约管理关键点是第 3 点。采购员在 ERP 系统内创建采购订单，保存时系统会自动检查是否超预算。如果超预算，系统会提示不予通过，此时由采购员联系采购申请的创建人进入项目变更管理流程调整预算。在ERP系统中采购订单维护成功后，采购合同、配送单、到货验收单、投运单、质保单在系统中以统一的文本格式自动生成，这5种单据可以根据业务进展情况在不同时期打印。为简化业务流程、提高工作效率，采购员在成功创建采购订单后将5种单据一次性全部打印，根据具体情况分发给买卖双方或存档。尤其是验收单、投运单、质保单一次性打印全部由供应商保存，以便不同时期提交进行资金结算。第6点，物资合同签订后履约员要核实是否需要预付款。如果需要预付款，进入采购付款管理流程。在ERP系统中采购订单维护成功后，市公司根据省公司物资部（招投标管理中心）下达的中标通知书，组织供应商集中签约，严格使用国家电网公司物资采购统一合同文本，确保在中标结果发布后15日内及时完成合同签订。严格中标结果执行，合同签订不得更改中标结果，或违背招标、投标文件实质性条款，逐步取消技术协议签订，进一步加快合同签订速度，大大提高签约效率，降低签约成本，方便客户。

三、电力物资的合同风险

（一）合同签订前的风险

合同的业务操作流程是合同管理制度的具体体现，是合同管理制度在实际工作中的具体应用。一般而言，大多数风险都与企业行为的不规范有着联系，合同管理过程也一样，流程越随意，风险越大。按照合同具体业务操作流程来识别风险，不仅不容易遗漏具体的风险点，还能对风险点进行更为细致的认识。

（二）前期准备阶段的风险

从订货任务下达到合同文本起草，采购合同承办及管理部门还需要做一系列的准备工作，诸如收集合同制作依据及信息，包括合同需方的需求计划、需求信息、设备型号、技术要求、项目建设信息等；评标结果和批复；批量分配结果和批复；合同调整和变更批复等；要对交易主体进行必要的资信审核，检查营业执照是否已通过年检，检查法定代表人身份证明书、授权委托书及与合同内容相符的许可、资质等级证书；对供应商经营状况、技术条件和商业信誉等进行调查；通知中标供应商等。

（三）合同审核风险

电力物资采购合同专业性、法律性都很强，内容复杂，特别是一些重大合同，能否正确地签订履行，对物资需求部门正常的生产建设活动关系重大。合同审核是相关部门在规定的审核时限，依据相应标准及程序对合同进行审查，保证合同正确签订和履行的活动。合同审核过程中可能产生的风险主要表现在合同审核人员因专业素质或工作态度的原因未能发现合同文本中的内容和条款不当的风险；虽然发现了问题但未提出恰当的修订意见的风险等。

四、电力系统物资合同管理的优化

建立健全合同管理制度，依规行事。合同管理的原则是依法由相关人员进行全面专业的管理，管理时最重要的是注重效率。电力系统是大型企业，在大型企业中要想对某一方面进行管理必须要建立一个健全的管理体制，因此建立合同管理体制将合同管理贯彻落实到电力系统当中，才能够依规行事。需要注意的是合同管理制度必须要以相关法律为依据，以服务电力系统为准则，以提高物资合同管理效率为目标，这个制度还需要有一定的可行性与科学性。合同管理中包含了合同洽谈、草拟、评审、签订、履行、变更、终止等一系列过程，合同违约处理等也包括在内，合同管理制度的制定是电力系统合同管理最有力的依据。

强化采购环节的行情把握，降低成本。强化采购环节行情的把握主要是指派专人对电力企业周边的物资价格进行调查，不仅如此还需要尽可能地调查到供应商的物资供应能力和信誉、市场保有量等与物资采购相关的信息，形成一份完整详细的市场调查报告。一旦有了一份完整详细的市场调查报告，在采购时便能够有利于电力系统总部核查每一次采购的程序与价格，保障物资采购工作的顺利进行。一旦采购价格与市场价格违背严重时就能够按照合同追究相关人员责任，最大限度地避免了各种损失。

强化物资仓储管理能力。为了减少事故与纠纷，应当强化物资仓储管理能力。例如，可以制定详细的物资管理制度，或是建立健全相关的责任制与管理流程。当有电力建设项目时应把项目涉及的所有物资和材料都上报，并且分类采购与仓储，最后录入相关管理软件中做到信息共享，以便电力系统中的各类管理人员能够及时查看物资情况，及时调用所需物资，一旦物资出现损坏等事故能够迅速找到相关责任人进行问责。电力企业的物资管理是保证电力系统运行的纽带，只有不断地强化物资仓储管理能力，保证物资的安全与管理水平，才能让电力系统的物资运转得更顺利，更好地履行物资合同。

电力系统是国家非常关键的部门，电力系统的物资合同管理十分重要，要根据高标准严格的要求、讲科学的原则，精细管理、创新理念，努力提高电力系统的物资合同管理工作，保证电力系统的物资供应，必须要认真地履行合同管理中的每个环节，加强提高合同管理水平，提高合同的履约率，以防风险和纠纷，维护国家的利益，为建设和谐电网做出应有的贡献。

第五节　电力工程合同管理现状

一、电力工程合同管理的现状分析

随着我国经济的快速发展，电力行业的作用愈加突出。为了应对长期以来电力供需不平衡的局面，"十二五"期间，我国的电力基本建设仍将保持较大的投资规模。电力工程作为电力行业发展的先决条件，为整个行业提供共同性的生产条件，在国民经济中同样起着举足轻重的作用。电力工程的建设周期长、实施程序繁多、投资大，同时具有重大的经济和社会价值。随着我国加入WTO及全球经济一体化步伐的加快，我国的电力工程建设行业既面临着机遇，也面临着诸多挑战。为了顺应社会主义市场经济体制改革及全球经济一体化的要求，当前，我国对电力工程的管理和控制主要采取合同的方式来进行。合同管理是现代工程建设中系统的、动态的过程。我国电力工程的合同管理当然也不例外。

在电力工程项目中，合同的种类、使用范围相当的广泛。由于工程项目经济数额大、技术要求较高，因此一般情况下采用正式书面合同。具体的合同种类有以下几种。

1. 工程总承包合同。该合同是业主与承包商（施工单位）签订的关于工程项目的包揽合同。具体内容包括电厂项目的勘察设计、工程的安装、设备运行的技术提供等。

2. 施工合同。施工合同是指项目建设中，发承包双方签订的明确双方权利义务关系的合同，是对电力工程项目进行质量、进度、投资控制的主要依据。能否按期履行施工合同直接关系到项目的建设，如对工程建设工期的控制，能够有效决定工程的施工进度。一般情况下，电力工程对施工合同的重视程度较高，合同的内容均以书面形式呈现。主要有建筑施工合同和安装施工合同两大类。

3. 货物供应合同。电力工程项目有一个特点就是设备投资费用较大，动辄几百万、上千万。因此设备的买卖合同对电力工程建设具有非常重要的意义。货物供应合同以转移该货物的财产所有权为目的，主要内容包括：买卖双方当事人应按合同交付设备、收取货款、接受设备、支付货款；合同中应对标的物的交付时间、地点等做出明确说明；买卖合同应以双方当事人的意思表示一致为合同成立的基本条件。

4. 工程勘察与设计合同。在我国的电力工程建设领域，勘察和设计是电力工程建设的基础，对电力工程的质量、投资进度等起到决定性的作用。工程勘察是规划、设计的前提，只有勘察结果提供可行性的分析评价报告，才能进行工程的规划与设计；工程设计是指运用系统工程、技术经济等方法，对电力工程各个环节进行整体的设计开发。

5. 工程监理合同。按照国家法律规定，电力工程项目建设必须进行建设监理。工程监理合同是业主委托监理单位对工程项目的质量、进度、投资等进行监督、协调。一般情况下，监理单位必须具备从事工程监理的资格。

6.其他合同。在电力工程项目中，还有其他种类的合同同样起着重要的作用，如工程保险合同、土地使用权转让合同、货物运输合同、银行贷款合同等。

基于上述电力工程中的合同，当前我国电力工程合同管理的发展愈来愈健全，有以下六个方面的趋势。

（1）合同管理认识的提高。在电力工程策划、施工期间，必须加强项目高级、中级管理人员，以及普通职工的法律观念、维权意识。可以通过短期集中宣传、培训，聘请专业人员为项目组进行宣讲，真正认识到合同是保护自身合法权益的有效武器，是电力工程建设走向市场经济的必经之路。要依法运用合同审查等专业技术手段，在工程施工前，完全避免或尽量减少由于合同条款不完备、表述不准确等问题而造成的不必要的经济损失。施工过程中可以通过具体的实例对项目组成员进行法制观念的教育，牢固树立起社会主义市场经济所需要的法律观念，从根本上保证电力工程合同的顺利履行。

（2）合同管理环节的加强。项目管理人员在很大程度上决定着项目工程的实施结果。因此，电力工程项目的管理人员首先要从思想上给予合同管理高度的重视，把电力工程合同管理与公司整体的计划、生产及组织管理有效结合起来；其次，合同管理应该从完善的制度开始，拟订工程规划，形成有效的合同保证体系，责任到人，把具体的工程项目责任落实到相对应的人员身上；再次，要科学放权，配备专人管理，对招投标文件、合同草案进行分析，对合同风险进行全面系统地分析；最后，如果工程项目巨大、周期较长，可建立完善的合同管理系统，具体方式可借助代理开发软件，对招投标文件、施工合同、变更合同、双方信函、履约保函、会议纪要、工程保险等资料进行整理、存档。

（3）索赔意识的提高。索赔是电力工程施工过程中和结束后的非必要性环节。当前我国电力市场中，电力工程完工后经常会出现一些问题，这些都涉及工程索赔。索赔是业主及项目工程承包商保护自身合法权益的重要途径，更是承包商进入市场，业主进行项目工程所必须具备的法律观念。索赔的顺利进行需要两个前提，首先，必须要敢于索赔，作为电力工程项目的承包商，要打破传统的认为"一般得不到赔偿"观念的束缚；其次，要学会科学索赔，当施工过程中或者结束后，发现自身权益受到侵犯时，要科学合理地运用合同中的索赔条款，并随时建立有关索赔的详细档案，需要注意的是要严格按照合同约定的时间向业主报送相关索赔文件。

（4）市场定价趋势明显。我国现在已经是社会主义市场经济体制，但电力工程合同管理中依然会有一些不符合市场特点的问题存在。比如，工程施工合同中的相关条件一般情况下属于招、投标文件的一部分，但是经济标部分工程造价是依据社会的平均生产能力及社会人、材、机的市场平均价格综合编制而成，而这种经济标往往多年不变，是一种静态的工程造价体系，它与电力企业的施工定额、市场、工、料、机价格相背离，已经远远不能适应一般电力企业的现场施工管理工作。因此，承包商通常的做法是放弃招、投标中的经济标相关条款，而重新编制施工预算。

为了顺应市场经济体制的要求，电力工程项目应逐步实现量价分离，这样工程量清单等相关信息将由业主委托工程造价咨询单位依据设计图纸直接计算给出，从而减少图纸理解方面的错误，并减少工程量计算工作，而施工单位的工作是只负责在投标中进行相关条款审核，然后根据自身能力报出适合自身能力的工程报价，只有前期准备充分，才能保证在施工中得以严格贯彻执行，真正实现招投标与施工合同管理的内在联系，并保证管理实施的一致性。

（5）工程担保制度的建立和完善。任何工程项目都至少由业主与承包商两个主体构成，电力工程也不例外。但由于市场原因，在电力工程合同中，一般只规定施工单位的责任、履约保证金的提交金额、提交方式等，缺少对业主相关责任的规定，从而导致业主存在不按时支付工程进度款、不按照合同约定办理现场签证等违法违约的行为时有发生。因此，建立工程担保制度，对于保障承包商合法权益、完善电力工程合同管理体系具有重要的作用。

（6）合同履约率的提高。随着现代高新技术手段的不断发展成熟，大量的复杂计算、数据统计分析处理变得非常简单可行。借助这些科技手段，加强电力工程合同管理中的动态控制，可以有效降低成本，保证进度，提高质量，实现进度、质量、投资达到最优配置。

二、电力工程合同管理存在的主要问题

虽然当前我国电力工程的合同管理已按照市场经济的要求展开，但由于我国经济体制的特殊性，以及原有的旧的合同管理观念和方法仍影响着当前的电力工程合同管理，使得在工作中难以做到完全规范化、法制化。当前我国电力工程合同管理中存在的主要问题有以下五个方面。

（一）合同内容不够严谨

在当前的电力工程合同中，合同的内容主要表现为文字的不严谨及条款的不全面。首先，很多的工程合同中，经常会出现由于合同的内容表达不准确而造成执行合同过程中的争议。其次，由于当前我国合同及合同管理方面缺乏统一的标准，同时由于项目负责人合同意识不强，往往造成订立合同的不全面，如合同中漏掉对违约者如何处理的条款等。

（二）不重视合同管理体系的构建

这一问题主要表现在施工合同管理与工程招投标合同管理脱节。施工合同管理和工程招投标合同管理同属于合同管理的重要部分。两项工作相辅相成、互相促进。首先，招投标是合同管理的源头，因为合同的实质性内容在招标文件中都已体现，招标结果确定了合同内容就不能再变更了，所以招投标管理是非常重要的。只有招投标合同管理工作做好了，施工过程才能顺利地完成。其次，施工合同中的合同条款是招投标文件中的重要组成部分，只有严格按照施工合同执行，才是对招投标工作的肯定，才能促进整个工程项目全过程的顺利进行。当前我国电力行业工程建设中普遍存在着施工合同与工程招投标管理严重脱节的现象。比如，将工程招投标和施工人为的分为两个部门，在工程招投标阶段成立一个部门，只负责招投标，对合同管理的后续工作考虑不尽全面，有时竟然会出现低于成本价的招标现象；当接标后，才着手组建施工队伍，这对工程建设是极为不利的。又或者管理者将招投标部门和施工部门划分到两个不同业务管理部门，这种机构设置是极为不科学的，必将导致施工合同管理与工程招投标合同管理脱节。

（三）市场机制有待健全，法律法规有待规范

当前我国有关合同管理的法律文件主要有《中华人民共和国建筑法》《中华人民共和国合同法》《建筑工程勘察设计管理条例》，文件中规定了工程项目建设中承发包双方应该承担的责任和享有的权利。但由于我国市场经济中合同管理的起步较晚，在诸多方面存在着问题。比如，业主（项目主）可能会在公开的招投标过程中与承包商签订一份合同，但这份合同是虚设的，它仅供相关部门备案。一旦承包商中标后，业主会要求承包商再签订一份真正的合同，这份合同是实际执行过程中用的。这份合同代表的是业主的利益，很多都属于霸王条款，但承包商迫于压力往往都会接受。综上所述，这两份合同，一份满足《合同法》要求但违反《招投标法》，一份满足《招投标法》要求但违反《合同法》。再比如，相关法律法规规定承包商须向业主提供履约保函，但没有规定业主须向承包商提供预付款。

（四）缺乏合同意识，法制观念薄弱

电力工程项目签订的相关合同规定了承发包双方的权利和义务，法律规定必须依法按照合同规定进行工程建设。但是在当前我国电力工程业主占主导地位的环境下，承包方更多的表现出缺乏合同意识，法制观念薄弱。比如，有些合同主管人员在合同的签订过程中完全忽视法律的监督和保护作用，不仅在合同的履行过程中凭主观行事，而且在遇到问题时也不会用法律武器来维护自己的合法权益；有些发包方在和中标者签订合同后，有可能强行修改合同，甚至另行签订一份合同，而承包商迫于激烈的市场竞争压力只能接受，但很少有企业会通过法律途径来维护权益；当承包商接下工程后，在施工过程中，由于设计变更等各种原因导致施工成本的增加，但许多承包商为了讨好发包商（业主），还不能根据合同规定进行索赔。

（五）电力工程项目合同管理专业人才缺乏

电力工程项目合同管理设计的内容很多，诸如电力专业知识、合同法的相关知识及工程造价方面的知识，而这正是当前我国电力行业的瓶颈所在。在很多的电力工程项目中，没有专门的合同管理人员，或者缺乏对合同管理人员的培训，这样就导致一旦发生合同风险，团队内部不能很快察觉或者不能得到有效的法律援助。

第四章
电力工程成本管理

近年来，电力施工项目的数量急剧增多，但项目质量管控没有明显的提升，项目利润空间更是狭窄，多数电力建设企业的盈利能力都较为薄弱，甚至有的企业在亏损经营。从根本上讲，电力施工项目成本管控不到位是造成电力建设企业收益甚微的主要原因。在电力施工项目的成本管理和控制中，从总体的组织体系到具体的模块管控，都缺乏系统、科学的方法指导，或仅能从定性的、管理的角度提出一些成本管理的措施和注意事项，难以从定量化角度对成本进行实质性管理和控制，由此均导致项目成本管理存在一定的盲目性，且成本管理的收效甚微。长此以往，使得项目成本管理逐渐流于形式，仅定位于项目成本核算和统计层面，而系统的管理和控制功能逐渐弱化。因此，针对电力施工项目，如何构建一套整体把控、系统关联、方法科学、定性与定量相结合的成本控制和管理体系，成为一个值得关注并非常重要的研究课题。

第一节 电力工程项目成本控制概述

一、电力工程项目成本管理的特点

工程项目施工成本管理是指施工企业以施工过程中的直接耗费为原则，以货币为主要计量单位，对项目从开工到竣工所发生的各项收支进行全面系统的管理，以实行项目施工成本最优化的过程。它包括落实项目施工责任成本，制订成本计划、分解成本指标，进行成本控制、成本核算、成本考核和成本监督的过程。

电力施工企业项目成本管理的特点包括过程方面和知识领域方面。

在过程方面，由于电力施工企业是劳动密集型的企业，其项目成本管理过程基本上是围绕施工成本管理进行，因此从过程上看，电力施工企业项目成本管理与项目施工过程是紧密结合的，或者反过来，电力施工企业的工程施工很大程度上是以项目的形式进行的。

在知识领域方面，电力施工企业项目管理的知识领域虽然可以纳入一般项目成本管理的知识领域，但又有其自身的专业特点，每个知识领域都包含关于质量、安全、工期等方面的专业知识领域。

二、电力工程项目成本管理的重点

通过以上对项目施工成本管理基础理论的研究，结合电力施工企业工程项目成本管理的特点，笔者认为电力施工企业工程项目成本管理主要是项目施工成本的管理，重点应放在施工阶段，放在项目经理部。也就是说，以项目经理部为考核单位进行成本管理，具体管理过程包括：确定责任成本与签订责任成本书、确定成本目标和编制成本计划、加强过程控制和进行项目施工质量、工期、成本的综合平衡管理等内容。通过对电力施工企业工程项目成本管理过程中如下内容的重点研究，希望对改进电力施工企业的项目成本管理工作能够起到一点帮助作用。

（一）电力施工企业工程项目成本管理的重点环节包括：

1. 公司制定项目施工责任成本并下达给项目经理部；
2. 项目经理部编制项目施工成本计划、确定目标成本；
3. 项目经理部在施工阶段对工程项目施工成本进行过程控制；
4. 进行项目施工质量、工期、成本的综合平衡管理。

（二）电力施工企业工程项目成本管理的重点内容包括：

1. 材料管理；
2. 人工成本管理。

三、电力工程项目成本管理的技术方法

立足于项目成本的构成及电力施工项目的特征，针对电力施工行业的全局性成本管理状况加以探讨和论述，归纳出电力施工行业成本控制的普遍性方法，并提出切实可行的改良计划。

（一）成本分析表法

所谓成本分析表法，就是利用数据表格的制定搜集、分析和总结电力工程成本的全部管理措施。例如，日报表、周报表、月报表、季度报表、年度报表及实时数据表等。报表的书写及递交，都必须严格依照准确性、可靠性和客观性的原则进行。

日报表和周报表的书写和递交，历经时间相对短暂。同详细而完整的月报表相比，日报表和周报表具有更高的指向性。也就是说，日报表和周报表是以电力工程项目的一个关键环节的全部流程为目标进行报表的书写，或者是以电力工程项目的容易超支项目为目标进行报表的书写。例如，工程材料费和政策处理费等。对于日报表和周报表来说，其最显著的特征在于报表书写的实时性，并不延迟。项目管理部门应当对每日的项目进展及成本的产生状况加以实时追踪，尽可能在第一时间定位项目的漏洞之处，制定并落实针对性的应对措施。因此，成本分析表法是使管理人员切实了解项目的实时进度和成本状况的最直接方法。

成本分析表法具有几大显著优势：实时性、非静态性、有效性、可定位性、便利性及直观性，成本分析表法是被电力工程用于成本控制的最为常见的方法。然而，成本分析表法在成本与工期、安全及质量相互关系方面并未给予足够的关注，没有有力的综合管理框架。在现实操作中，极易出现落实不到位的问题。

（二）偏差法

所谓偏差法，就是立足于目标成本，通过一定的统计方法（比较法、因素分析法及比率法）将现实结果同预期目标的差距计算出来，并利用差距追源和差距走向的分析，确定并落实针对性的解决方案。偏差法的宗旨在于：实现预期成本目标，对工程项目执行科学地、合理地管理。

电力施工项目用于成本控制的偏差法可以归为三种：实际偏差法、计划偏差法及目标偏差法。所谓实际偏差法，是指计算出实际成本支出同预期成本目标之间的差距；所谓计划偏差法，是指计算出预期成本目标同计划成本支出之间的差距；所谓目标偏差法，是指计算出现实成本支出同计划成本支出之间的差距。三种偏差法的目的是统一的，即减小差距值，使成本被控制在可接受的范畴，从而为预期成本目标的实现提供保障。

在电力施工项目当中采取偏差法进行成本控制时，能够把现实成本支出同计划成本目标的走向以曲线图的方式加以呈现，进而开展统计分析——依照曲线图判断在未来的项目进展过程中，现实成本支出的变化方向。偏差法的显著优势在于：利用计算整体费用支出受每类成本费用支出的作用大小，进而明确地追踪到导致差距拉大的根源所在，从而制定并落实高针对性的整改方案。偏差法的显著劣势在于：计划成本支出是立足于一成不变的工序持续时间而计算出的结果，但是，在现实操作中，相当一部分工序的开工时间和完工时间均处于持续的变化中，因此，应当将时间的影响纳入考量。

（三）成本累计香蕉曲线法

所谓成本累计香蕉曲线法，是将一定时期内全部工序产生的成本费用支出进行加总，并且将每个时期的成本费用支出逐步加总，从而计算出每个时期的累计成本费用支出额度。在展现工程项目全部成本费用支出状况时，通常采用成本累计香蕉曲线法。处于规避工序时间不固定所造成的影响的考虑，成本累计香蕉曲线法选择以最早开工（完工）时间和最迟开工（完工）时间来实现成本累计曲线的绘制。

假如现实成本费用支出曲线徘徊于香蕉图形边界范围之内，那么反映了工程项目的成本费用支出处于合理的、可接受的范围之内。在此状况下，采取匹配的偏差法均能利用工序开工（完工）时间的改变，达到有效控制成本的目的。假如现实成本费用支出曲线徘徊于香蕉图形边界范围之外，那么反映了工程项目的成本费用支出已经显著超出预期范围，需要由管理人员对其给予足够的关注，并且马上追踪造成实际成本费用支出出现明显差距的根源：预期成本费用支出目标的不合理计算，或者现实成本费用支出没有得到有效地控制。假如是由于预期成本费用支出目标的不合理计算所致，那么，就要重新计算预期成本费用支出目标、制订成本费用支出计划，并且以新的数据为基础再次绘制香蕉曲线图。假如是由于现实成本费用支出没有得到有效地控制所致，那么，就要通过曲线出现较大偏差的时间节点追踪到根源工序，制定并落实有针对性的处理方案：改变工序开工（完工）时间，或者制定并落实成本治理措施。

四、电力工程项目成本管理的必要性

十年前，国家对于电力施工项目给予了高度的关注，电力市场呈现出供不应求的紧俏形式，电力施工行业具有较为明朗的整体局势。对于电力施工项目来说，有效的成本控制通常是被项目管理部门所疏漏的重要内容。其主要通过下述内容得以呈现：机械设备的过剩配置、工程材料在运输过程和仓储环节出现大量的浪费、差旅费和招待费支出不合理等。当处于开放性的市场竞争环境中，较高的工程项目成本报价会使电力施工企业在严峻的行业竞争中一击毙命。唯有将施工项目成本加以有效地控制，方能提升电力施工企业在行业竞争中的核心竞争能力。

与此同时，受地方保护及相关利益方的影响，地方政府的干预和相关部门的不作为，常常导致电力施工项目的实践频频受限。导致上述现象出现的原因除外在作用之外，还有一定的内部原因：招投标竞争持续严峻、内部成本持续走高、利润不断下降、经营业绩持续低靡。所以，当目前外在因素无法得以扭转之时，电力施工企业应当亟待解决下述问题：

强化内部管理力度，增强操作效率，将施工成本控制在最合理的范围。

五、电力工程项目成本管理的影响因素

所谓工程成本控制，是项目管理部门在产生成本费用支出的全过程，出于降低成本费用支出的目的，对成本费用支出采取估算、计划、落实、核算等一系列措施，对人力、财力、物力的支出状况加以管理和控制，并最终达到预期成本费用目标。工程成本控制所采取的成本监督和成本检查，都是针对产生成本的环节而言。产生成本并非是一个静态的过程，因此，相应的成本控制同样是一个非静态的过程。基于此原因，工程成本控制又可称作"成本过程控制"。

对于施工企业的成本控制工作来说，工程成本控制发挥着至关重要的作用。高水平的成本控制能够使施工企业的利润得到大幅度的提升，使企业在行业竞争中具有较好的竞争优势。工程成本能够直接体现施工企业的操作水平：较少的成本费用支出体现了施工企业在实践过程中对工程材料和人力进行了良好的控制，也就是说施工企业的操作效率、固定资产使用率，以及工程材料的利用率均得到了有效的提升。

依照工程成本的要素组成状况，确定对每一组成本要素的管控措施。首先，以保障施工项目的质量、工期及安全等为宗旨；其次，在众多成本控制方法当中，选择最为匹配、最为有效的方法予以落实。因为施工项目的现实条件千差万别，应当根据对工程成本具有显著作用的组成要素确定详细的成本控制方案。因此，成本控制方案一定要同电力施工项目的现实条件相吻合。下面以直接工程费为例，详细论述工程成本的影响要素。直接工程费涵盖人工费、材料费和机械使用费，三项费用都有其各自的影响要素。

（一）人工费影响要素分析

对于人工费来说，需要将施工单位同建设单位签署的合同纳入考量。施工单位应当依照合同所规定的计价方式，确定施工工作者的具体成分及整体队伍的人员配置。在此环节，用于参考的标准有招投标文件、签署的合同条款、企业内部机制、施工项目的现实条件及设计方案等。在对人工费具有影响作用的众多因素中，分包队伍是其中一项较为关键的内容。项目分包通常需要通过招投标环节完成，劳务分包大都是以工作量综合单价或者总价包干等方式进行。最好采取固定总价的分包手段，尽量规避劳务分包费超出计划的问题。劳务分包合同要立足于分包内容的边界及施工图的预算额度签署，无论在哪种条件下，分包合同的额度都不得高于施工图的预算额度。在施工项目的实践中，应对劳务分包的具体活动及现实的成本费用支出状况加以严格地管控，由项目管理者对竣工工序的工作量和质量加以敲定和检查，当确认无误后支付合同规定的额度。假如产生了现实的成本费用支出高于施工图预算额度的问题，需要及时开展分析和追踪，落实后续工序的整改措施。在针对人工费的影响要素开展分析时，需要对潜在性的隐患因素给予足够的关注，坚决抵制超出合同范畴的用工体制。

（二）材料费影响要素分析

对于材料费来说，其关键之处在于确定材料的配置方案。材料的配置方案是立足于工程材料的需求状况，并且参照工程项目的工期计划综合得出的。工程材料的消耗量受到多种因素作用，如材料配置方案的详细程度和可操作性、材料配置方案的确定周期。通常而言，材料配置方案既不应当过早确定，也不应当过晚确定，应当在恰当的时期确定材料配置方案。假如材料配置方案过早确定，那么巨大的工程材料使用量会导致严重的库存囤积压力，使得仓储成本费用支出上升，工程材料损耗加大。但是，对于某些较为紧俏的工程材料来说，应当给予足够的裕度，从而规避由于工程材料的供给不足所导致的停工、窝工问题，防止工程项目进度成本费用的上升。对于施工环节，工程材料的领取模式同样具有相当关键的作用。应当采取限额领取、实时登记的手段，将工程材料的使用量加以有效地控制。电力施工项目需要确定各工序的工程材料领取限额，并且根据限额的规定开展工程材料的配置。当工程材料的领取量高于工程材料领取限额，那么申领者必须递交详细说明，并且由管理者确认后予以发放。在对材料费具有影响作用的众多因素中，工程材料的计量是其中一项较为关键的内容，计量数一定要准确无误。假如没有精确的计算混凝土和砂浆的配比，就会造成水泥消耗量的上升；假如钢材的强度系数没有达到要求，那么就会造成超重的问题。因此，用于计量的器械一定要由有关机构进行检测，且未超出有效期。与此同时，应当对用于计量的器械和方法加以严格地管控。

在对工程材料价格具有影响作用的众多因素中，采购合同是其中一项较为关键的内容。工程材料的价格是在材料的采购过程中按照合同的要求得出的，并且工程材料的采购价格应当尽可能地控制在计划价格范围之内。除此之外，市场对材料费的影响作用同样应当得到关注。由于经济环境和市场结构处于非固定状态，因此，工程材料的价格极易出现明显波动。电力施工项目的采购部门应当充分了解市场动态，掌握价格的变化趋势，进而改进采购流程，将工程材料的价格和运输成本费用支出减到最少。

（三）机械使用费影响要素分析

对于机械费来说，其关键之处在计划的确定和租赁的模式。在电力施工项目实践之前的成本估算及方案确定环节，应当将机械设备的租赁期限及租赁价格纳入考量。通常来说，电力施工项目的实践过程应当严格依照成本支出计划进行。就机械设备的配置状况和价格等加以实时追踪，坚决杜绝挪用机械设备、闲置机械设备等问题的出现。机械设备的租赁模式较为多样化，既可以是经营租赁又可以是融资租赁。就某些高针对性的机械设备来说，能够由分包队对其加以管控，并且定额包干的额度一定不得高于成本费用支出目标。

六、电力工程项目成本过程控制

（一）工程项目成本控制的基本概念

1.成本控制的含义

成本控制可以划分为成本和控制两部分进行解析，成本指的是针对某项特定工程或事项，用货币来评估和计算发生或者完成该事项所产生的费用总和；控制指的是依照预先的工程或事务标准及要求，对工程或事务的环节或对具体事项进行干涉和管理，从而将各项指标控制在一定的范围内。成本控制通常指的是企业的管理者在企业大规模进行生产经营前，将企业的成本管理费用设定一定的目标或额度，由企业的成本控制主体，即企业的管理层利用其职权，对可能影响成本变化的所有因素逐一进行排查和分析，并根据分析结果采取一系列预防和调节措施，目的是确保其最初设定目标的最终实现。

2.工程项目成本控制的含义

工程项目成本控制指的是项目部门管理人员在工程项目实施过程中，控制各个项目环节的每一笔成本和费用支出，进而降低工程成本，达到项目成本目标的预期效果，从而需完成的成本预测、执行、监督、评估、核算、改进等一系列的成本控制活动。

（二）工程项目成本控制的基本过程

工程的项目成本管理通常可分为事前、事中、事后三个不同的控制阶段，每一个阶段控制的实施都可能对整个工程项目产生不同程度的影响。

1.工程项目成本的事前控制

工程项目成本的事前控制是项目成本控制中的第一个环节，是指在项目开工前，项目管理人员对可能导致项目成本出现问题的所有事项进行规划和审查。工程项目的事前成本控制主要包括成本预测、成本决策、成本计划的制订、建立消费额度、整理和完善原始数据记录、实施成本管理等内容。

成本预测是成本控制的前提，是企业管理者进行成本决策和制订成本目标的依据。成本预测主要包括以下两方面：投标决策的成本预测及编制计划前的成本预测。投标决策的成本计划指的是企业在投标前，需要对工程项目做出系统全面的成本预估；编制计划前的成本预测指的是施工企业在工程施工前，就是企业在编制工程项目合同计划前，对可能会发生的所有的成本费用进行一定的预测。

成本决策通常是指项目管理层首先会结合工程项目的实际情况对项目费用开支状况进行一定的预估，对工程项目的施工工作进行具体的指导，并制定出成本控制方案，进行比较和筛选后选出最优方案。成本决策时，应纵观全局，不仅要注意微观经济效益，更需要关注工程项目取得的宏观经济效益。成本计划方案确定后，工程项目管理人员应当立即设计成本控制计划。成本控制计划是工程项目实施的指标，制订成本计划还应逐层剖析计划中有关经济指标，将工作落实到各部门、各施工队或个人，实行项目分级管理，从而达到成本控制的目的。

2. 工程项目成本的事中控制

事中控制是企业进行成本管理的中间环节，在项目的整个施工过程中，成本管理人员需要先制订目标计划，同时设定消耗定额标准，对在工程实施过程中不断产生的费用定期进行审核，将可能导致费用超支的所有因素，扼杀在萌芽状态；为使成本控制在预期目标范围内，对成本核算信息进行时时的监管把控，一旦发现成本费用与目标成本出现偏差，应马上进行反馈，针对发生偏差的具体工作环节进行纠偏。

事中控制过程应注意以下四个方面。

（1）费用开支的控制。根据项目成本计划，对于项目费用支出的具体金额严格把控，层层把关，无关费用不得随意开支。

（2）人工耗费的控制。及时发现造成停工的主要原因，如人员数量、资金额度、出勤率等。

（3）机械设备的控制。合理使用施工机械、生产设备和运输设备，按照保养、维护和保全执行系统，提高设备的使用率。

（4）材料耗费的控制。按照工程施工标准，严把材料关，确保材料质量及数量。不断完善材料领用程序，确保材料领用有章可依、责任到人。

3. 工程项目成本的事后控制

工程项目成本的事后控制是成本控制的最后一个阶段，当施工项目将要结束时，项目管理者需要对项目之初成本计划的执行情况进行综合评估和审查。工程项目成本事后控制的意义在于发掘既定成本和预期成本之间的差异，找出差异产生的原因，对薄弱环节及产生的偏差提出整改措施，并确定经济责任的归属，测评结果可用以对责任部门及人员的业绩进行考核；通过调整工程项目成本预期计划，不断完善企业成本控制机制。

工程项目成本的事后控制按照以下五个步骤进行：

（1）核算工程项目实际成本。

（2）将工程项目实际成本和预期成本进行比较，明确它们之间是否存在差异。

（3）分析工程项目成本出现问题的原因，确定经济责任的归属。

（4）对有关部门及人员的具体业绩进行评估。

（5）针对分析结果及产生的问题，采取切实有效的措施，改进成本计划指标。

第二节　电力工程成本过程管理

一、工程项目施工责任成本的确定

施工项目的责任成本也称项目施工责任总额，是由公司组织有关部门根据中标通知书、工程项目施工组织设计、企业施工预算定额、项目经理责任制、项目施工成本核算制等企业管理制度、市场信息等，根据工程不同的类别及特点，确定的项目施工成本的上限。项目施工责任成本是企业在划分经营效益和管理效益的基础上，以项目预计发生和控制为原则，将施工成本开支，经测算后以内部责任合同形式下达给项目经理部的施工成本控制总额，是项目经理部制订施工目标成本和进行成本管理的基础依据。因此，如何合理地确定项目施工责任成本是搞好项目施工成本管理的关键。

（一）工程项目责任成本的确定依据

1. 公司与客户签订的合同和相关文件。

2. 施工图预算或投标报价书。

3. 经公司生产技术部及客户、监理批准的施工设计。

4. 施工劳务分包合同、构件等外协加工合同。

5. 施工所在地的材料、设备等价格信息或规定。

6. 公司项目管理有关规定。包括项目经理部人员配备制度、工资制度、奖惩制度、现场临时设施规定、费用开支规定等。

（二）工程项目责任成本的确定

1. 人工费的确定

人工费的核算，应根据公司与分包单位签订的合同中的规定基数，采取定额人工 × 市场单价、平方米单价包干、预算人工费 × （1+ 取费系数）等方法。零星用工可包含在单价内或按一定的系数包干。选用分包队伍及确定人工费用应通过招标确定。

2. 材料费的确定

材料费包括构成工程实体的材料费、周转工具费、辅助施工的低值易耗品等。

（1）主要材料费，主要指构成工程实体的消耗材料。

$$材料费 = \sum（预算用量 × 单价）$$

$$预算用量 = 实际工程量 × 企业施工定额材料消耗量$$

电力施工企业目前按照《电力建设工程预算定额》来确定施工定额材料消耗量。

材料单价目前有三种。一是当时当地的市场价格；二是当地工程建设造价管理部门发布的《材料价格信息》的中准价；三是预算定额中的计划价格。材料价格的确定应根据工程项目所处条件的不同，灵活运用。对于公司不集中供应的材料，如钢材、木材、水泥等材料一般采用工程投标或开工当月的市场价，结算时允许按施工过程中的《材料市场信息价格》中的市场价进行调整。水电、通风、弱电等地方供应的材料，一般以当地市场价为基础并考虑一定的风险系数确定。目前我市电力施工企业除商品混凝土外主材均采取集中供应、招标采购的办法。这种条件下材料费一般按预算定额的计划价格计算，项目经理部不承担价格风险。计划价格一般通过询价的方式获得。

（2）小型零星材料费（含水电费），主要指辅助施工的低值易耗品及定额中没有单列的小型材料，其费用可按定额含量乘以适当的降低系数包干使用或按经验数据测算包干。

（3）周转材料的降低是降低施工成本的重要方面。周转材料的确定有两种方法，一是按预算定额含量乘以适当的降低系数包干使用，降低系数可根据企业多年来的历史数据或类似工程的经验数据确定。二是根据施工方按确定计划用量，再根据计划用量与租赁单价的乘积来确定。

3.机械费的确定

机械费包括定额机械费和大型机械费。定额机械费主要指中小型机械费，如电焊机、弯管机、套丝机等。大型机械费主要包括运费及其安装、运输、拆除、基础制作等。

（1）定额机械费：由于数额不大，可根据实际工程量和《电力建设工程预算定额》中的机械费计取。

（2）大型机械费：大型机械费也是降低施工成本的重要方面，由于大型机械价值都较高，电力施工企业在满足电力施工资质要求设备的基础上大多采用租赁的形式。该费用应根据施工方案要求配备的数量、结合工程结构特点和工期要求，经综合分析后确定。

大型机械费＝大型机械租赁费＋大型机械进出场费、安拆费及基础费

大型机械租赁费＝租赁机械台数 × 租赁月数 × 月租赁费

或大型机械租赁费＝租赁机械台数 × 台班数 × 台班单价

大型机械进出场费、安拆费及基础费，按计划发生费用计算。安装工程一般包括起重机械、卷扬机、室外电梯等。

机械费一次确定，无特殊情况实际发生差异，不予调整。

4.其他直接费的确定

其他直接费包括冬雨季施工费、二次搬运费、生产工具用具使用费、检验试验费、保险费、工程定位复测费、场地清理费等。施工责任成本中的其他直接费的核定，应编制计划，列项测算。若列项测算有困难，也可以按现行施工图预算费用定额中的其他直接费，划分一定比例列入项目施工责任成本，即

项目施工责任成本其他直接费＝施工图预算其他直接费 × 比例系数

5.现场经费的确定

现场经费根据直接发生的原则一般包括临建设施费、管理人员工资、业务招待费、办公费、交通费等。

（1）临建设施费：根据工程规模、工期等要求，经工程部门审批的施工组织设计提供的临设平面图，由经营部按施工现场临设平面图计算临设费列入现场经费。

（2）管理人员工资：根据企业项目管理有关规定，按工程项目规模及项目管理要求，由人力资源部确定项目部组成人员，并按当前工资水平，确定月度工资总额，按合同工期计算工资总支出，该工资指项目部完成项目管理责任后应发放的工资，不含超额完成项目管理责任中施工成本降低率后提取的奖金。

（3）办公费和物料消耗：指为直接组织项目施工发生的办公费和物料消耗，可按工程规模和人均标准执行。

（4）交通费：指工地与公司之间的交通费和办理与工程有关事宜所需交通费，应按工程规模、地点、项目部人数确定。

（5）业务招待费：按工程规模和特点包干使用。

二、工程项目成本计划的编制

电力施工企业在工程项目施工过程中要通过有效的管理活动，使各种生产要素按照一定的目标运行，使工程的实际成本能够控制在预定的计划成本范围内。成本计划是目标成本的一种表达形式，是建立项目成本管理责任制、开展成本控制和核算的基础，是进行成本费用控制的主要依据。根据施工企业的特点，工程施工成本计划包括施工期内的项目施工成本总计划和月度成本计划。目标成本，即项目施工成本总计划确定的施工成本支出，是由项目经理部组织有关人员根据工程实际情况和具体施工方案在责任成本基础上，通过先进管理手段和技术改进措施进一步降低成本后确定的项目经理部内部成本指标。项目施工成本总计划一般应在开工前制订，应具有一定的指导性和真实性。成本计划的精确与否、能否根据工程实际情况及时进行调整，是目标成本管理的关键。

（一）工程项目成本计划的编制依据、内容和方法

1. 电力施工企业在编制项目成本计划时主要依据

（1）工程承包范围、发包方的项目建设纲要、功能描述书；

（2）工程招标文件、承包合同、劳务分包合同及其他分包合同；

（3）项目经理部与公司签订的责任成本书及公司下达的成本降低额、降低率和其他有关经济技术指标；

（4）承包工程的施工图预算、施工预算、实施项目的技术方案和管理措施；

（5）施工项目使用的机械设备生产能力及利用情况；

（6）施工项目的材料消耗、物资供应、劳动工资及劳动效率等计划资料及相关消耗量定额；

（7）同类项目成本计划的实际执行情况及有关技术经济指标的完成情况的分析资料；

（8）电力施工行业中同类项目的成本、定额、技术经济指标资料及增产节约的经验和措施。

2. 成本计划的内容

根据承包工程范围的不同，项目成本计划所包括的内容也有所不同。例如，电力工程全过程总承包项目成本计划应包括勘查、设计、采购、施工的全部成本；设计、采购、施工总承包项目计划成本应包括相应阶段的成本。电力施工企业是电力工程项目的施工单位，因此其项目计划成本主要包含项目施工成本。项目施工成本是从项目工程成本中划分出来的由项目经理部负责的那一部分成本，项目施工总成本计划应按照招标文件的工程量清单确定。

项目成本计划一般由直接成本计划和间接成本计划组成。

（1）直接成本计划。主要反映项目直接成本的预算成本、计划降低额及计划降低率。主要包括项目的成本目标及核算原则、降低成本计划表或总控制方案、对成本计划估算过程的说明及对降低成本途径的分析等。

（2）间接成本计划。主要反映项目间接成本的计划数及降低额，在计划制订时，成本项目应与会计核算中间成本项目的内容一致。此外，项目成本计划还应包括项目经理对可控责任目标成本进行分解后形成的各个实施性计划成本，即各责任中心的责任成本计划。责任成本计划又包括年度、季度和月度责任成本计划。

3. 成本计划的编制方法

成本计划的编制方法一般有目标利润法、技术进步法、按实计算法等。目前较多采用按实计算法和技术进步法。技术进步法是以项目计划采取的技术组织措施和节约措施所能取得的经济效果为项目成本降低额，求得项目目标成本的方法。

（二）成本计划的编制过程

编制成本计划时，首先由项目成本管理人员根据施工图纸计算实际工程量，然后由项目经理、项目工程师、项目会计师、成本管理人员根据施工方案和分包合同确定计划支出的人工费、材料费和机械使用费等费用。项目成本计划编制程序如下。

1. 搜集和整理资料。收集编制成本计划的资料，对其进行加工整理，深入分析项目的当前情况和发展趋势，了解影响项目成本的因素，研究降低成本克服不利因素的措施等。

2. 确定目标成本。目标成本即项目施工阶段的计划成本，是项目施工成本总计划确定的施工成本支出。目标成本应根据不同阶段管理的需要，在各项成本要素预测和确定施工责任成本的基础上进行编制，并用于指导项目施工过程的成本控制。

（1）准备阶段应在企业内部进行投标过程传达和合同条件分析的基础上，确定项目经理部的可控责任成本，该成本作为考核项目经理成本管理绩效的依据，应符合其责任与授权的可控范围。

（2）项目经理到任后，应在组织编制项目管理实施规划的基础上，编制各项实施性的计划成本，用以指导项目的资源配置和生产过程的成本控制。项目经理在编制实施性计划成本时，需要将其可控责任成本分解，层层落实到各个相关部门、施工队伍和班组，分解的方法大多采用工作分解法。

（3）成本计划的编制要充分考虑不可见因素、工期制约因素及风险因素、市场价格波动因素，结合在计划期内准备采取的增产节约措施，最终确定目标成本，并综合计算项目目标成本的降低额和降低率。

3.编制成本计划草案。各职能部门应认真讨论项目经理下达的成本计划指标并及时反馈信息，在总结上期成本计划完成情况的基础上，考虑完成成本计划的不利和有利因素，制定保证本期计划执行的具体措施，并尽可能地将指标分解落实下达到各班组及个人，形成成本计划草案。

4.综合平衡，编制正式的成本计划。从全局出发，对各部门实施性成本计划之间进行综合平衡，使其相互协调、衔接，最后确定正式的成本计划。

（三）目标成本的确定

运用技术进步法来确定目标成本应附有具体的降低成本措施，目前各成本要素目标成本的确定如下。

1.人工费目标的确定

在项目施工成本管理中，应通过加强预算管理、签证管理和分包管理确保工程量不漏算、分包支出不超付。目标成本人工费＝项目施工责任成本中的人工费 ×（1-降低率）。人工费降低率由项目部组织人员共同确定。

2.材料费目标成本（不含周转材料）确定

材料费种类多、数量大、价值高，是成本控制的重点和难点，材料费目标成本的确定一般有两种方法。

（1）加权平均法：由预算员根据图纸工程列出材料清单。由项目经理、材料员、施工员对材料逐一审核，逐一审定降低率。审定降低率时要从材料价格和数量两种降低途径上综合考虑，对某些材料若经论证可代换且用量或价格能够降低时，应予以代换。要严格控制供应商，通过招投标、对采购人员进行岗位成本责任考核等办法降低采购价格，采用加权平均法确定总的材料成本降低率。

（2）综合系数评估法：根据以前类似工程中的材料用量及降低率水平，本着合理选用的原则，根据经验系数确定材料成本降低率，可采取分别估计，取其平均值的办法。

3.机械费目标成本确定

（1）定额机械费目标成本：首先根据施工方案，确定或预测项目工程所需的小型机械、小型电动工具，然后确定使用期限、租赁单价或购置费用。根据以往经验确定修理费。进行汇总计算，计算结果与预算收入相比较后得出定额机械费的成本降低率。

（2）大型机械费：确定方法基本同定额机械费目标成本的确定。根据施工方案确定实际需要配置的数量，根据租赁费确定计划支出，即目标成本。

定额机械费和大型机械费的和即为机械费的目标成本。

4.其他直接费的目标成本

其他直接费因数额较小，且因项目发生的其他直接费中有些人工、材料、机械费，因细分有困难，统归入人工费、材料费、机械费中。只有如试验费、竣工清理费等单独列入其他直接费，其降低率可根据经验估计。

以上费用的总和是初步确定的目标成本。计算出的目标成本必须确保项目施工责任成本降低率的完成。如果完不成指标应通过加快工具周转、缩短工期、采用新技术等办法予以解决。目标成本的制定必须附有具体的降低成本措施。

项目目标成本确定后可以作为项目部岗位人员的成本责任，和签订项目经理部内部岗位责任合同的经济责任指标。同时，目标成本也是平时进行项目施工成本控制的依据和制定月度施工成本计划的基础。对于项目施工成本管理而言，目标成本是项目施工成本管理的纲要，是制定有关管理措施和成本降低措施的重要依据。

（四）月度项目施工成本计划分解与调整

月度项目施工成本计划是项目进行成本管理的基础，属于控制性计划，是进行各项施工成本活动的依据。它确定了月度施工成本管理的工作目标，也是对岗位人员进行月度岗位成本指标分解的基础。月度项目施工成本计划是根据目标成本确定的月度成本支出和月度成本收入，并按构成成本的要素进行编制。成本收入的确定与责任成本、目标成本一致。成本支出与实际发生数一致，包括月度人工费成本计划、材料费成本计划、机械费成本计划、其他直接费用成本计划、临设费、项目管理费、安全设施成本计划等。成本计划的编制过程及方法在施工成本总计划中已经论述，此处不再重复。

1.月度项目施工成本计划的分解

成本计划是根据构成成本的要素进行编制的，但实际进行成本管理是按岗位进行划分的。因此，对按成本构成要素编制的月度成本计划，还要按岗位责任进行分解，作为进行岗位成本责任核算和考核的基础依据。

2.月度施工成本计划的调整

在计划执行的过程中，要保证成本计划的严肃性。一旦确定要严格执行，不得随意调整。但由于成本的形成是一个动态过程，在实施过程中由于客观条件的变化，可能会导致成本的变化。因此，在这种情况下，若成本计划不及时调整，会影响成本核算的准确性，为保证成本计划的准确性，就应及时进行调整。需要调整成本计划的情况一般有以下几种。

（1）公司对项目责任成本确定办法进行更改时。由于核定办法的改变，必然导致目标成本的改变。而根据目标成本编制的月度施工成本计划必然要进行调整。这种情况主要是市场波动，材料价格变化较大，对成本的影响较严重时才会出现。

（2）月度施工计划调整时。由于工程进度的需要，增加施工内容或由于材料、机械、图纸变更等影响，原定施工内容不能进行而对施工内容进行调整时，在这种情况下，就需要对新增或变更的施工项目按成本计划的编制原则和方法重新进行计算，并下发月度成本计划变更通知单。

（3）月度施工计划超额或未完成时。由于施工条件的复杂性和可变性，月度施工计划工程量与实际完成工程量是不同的，因此，每到月底要对实际完成工作量进行统计，根据统计结果将根据计划完成工作量编制的月度成本计划调整为实际完成工作量的成本计划。

三、电力工程项目施工成本过程控制管理

项目施工成本的过程控制，通常是指在项目施工成本的形成过程中，对形成成本的要素，即施工生产所耗费的人力、物力和各项费用开支，进行监督、调节和限制。及时预防、发现和纠正偏差，从而把各项费用控制在计划成本的预定目标之内，以达到降低成本、保证生产经营的目的。

（一）工程项目施工成本过程控制的原因

工程项目的成本控制贯穿于工程建设自招投标阶段到竣工验收的全过程。由于电力工程项目自身的特点，因此，对电力工程项目成本进行过程控制有利于成本的降低和电力工程项目成本管理的持续改进。强调电力工程项目成本过程控制是由电力施工项目的一般特点决定的。

1.电力施工项目具有一次性和单件性。电力施工项目作为一次性事业，其生产过程具有明显的单件性。施工项目活动过程不可逆，也不重复，它带来了较大的风险性和管理的特殊性。

2.电力施工生产具有特殊性。施工项目的地点固定、体型庞大和结构复杂导致了施工中各种生产要素的流动性、所需工种多和施工组织复杂。此外，施工周期长、作业条件恶劣，易受气候、地质条件等影响也都直接影响成本的高低，给电力施工项目的成本管理带来种种困难。因此，对于具有上述特点的电力工程项目成本来说，应该特别强调项目成本的过程控制，尤其是施工阶段成本的过程控制。

（二）工程项目施工成本过程控制的前期工作

为实现过程控制需要做好以下工作：

1.开工前搞好成本预测，明确成本目标

在工程开工前，组织相关人员了解当地市场的实际情况，再根据中标价比较计划成本和责任成本，再按照中标价、当地货源及启用队伍情况由公司下达责任成本书，确定责任成本目标。

2.优化施工方案和资源配置

在开工进场后，有关部门根据投标后与用户签订的合同的工期及现场的具体情况配置资源。正确选择施工方案是降低成本的关键所在，不同的设计及施工方案就有不同的生产成本，在满足合同要求的前提下，根据工程的规模、性质、复杂程度、现场条件、装备情况、人员素质等提出科学的方案和措施。利用网络技术编制施工进度计划及实行进度控制，合

理进行人力、机械设备、资金的配置，以保证最终达到最优的质量、安全和最低的合理成本。

3.进行项目施工成本的分解

确定具体项目的人工、材料、机械、现场经费（包括管理人员工资、办公费、通讯费、差旅费等）的消耗量，作为施工时各项目的具体控制目标，并将此控制目标分发至相应的岗位。

（三）工程项目施工成本过程控制的方法

成本控制的方法很多，应该说只要满足质量、工期、安全，能够达到成本控制目标的都是好方法。但是在不同情况下，不同的控制内容，应采用不同的控制方法。目前主要有以下几种控制方法：

1.以目标成本控制成本支出

在项目施工的成本控制中，可根据项目经理部制订的目标成本控制成本支出实行以收定支或者叫"量入为出"，这是最有效的方法之一。

2.以施工方案控制资源消耗

在企业中资源消耗的货币表现大部分都是成本费用。因此，资源消耗的减少，就等于成本费用的节约，控制了资源消耗，也就控制了成本费用。具体方法步骤是：

（1）在工程项目开工前，根据施工图纸和工程现场的实际情况，制定施工方案，包括人力物资需用计划、机具配置方案等，以此为指导和管理施工的依据。在施工过程中，如需改变施工方法，则应及时调整施工方案。

（2）组织实施。施工方案是进行工程施工的指导性文件，但是，针对某一项目来说，施工方案一经确定，则应是强制性的。有步骤有条理的按施工方案组织施工可以避免盲目性，可以合理配置人力和机械，可以有计划地组织物资进场，从而做到均衡施工，避免资源闲置或积压造成浪费。

（3）采用价值工程，优化施工方案。对同一工程项目的施工，可以有不同的方案，选择最优方案是降低成本的有效途径。采用价值工程，可以解决施工方案优化的难题。价值工程又称"价值分析"，是一门技术与经济相结合的现代化管理科学。应用价值工程，既要研究技术又要研究经济，研究在提高功能的同时不增加成本或在降低成本的同时不影响功能，把提高功能与降低成本统一在最佳方案中。在施工过程中主要是寻找实现设计要求的最佳施工方案，即对资源利用最合理的方案。因其理论水平要求不高，目前电力施工企业较多采用此方法。

3.工期—成本同步分析法

长期以来，国内的施工企业编制进度计划是为了安排施工进度和组织施工服务，很少与成本控制结合。而实际上成本控制与进度控制之间有着必然的同步关系。因为成本是伴随着工程进展而发生的。如果成本与进度不对应，说明项目进展中出现了虚盈或虚亏的不正常现象。施工成本的实际开支与计划不相符，往往是由两个因素引起的：一是在某道工序上的成本开支超出计划；二是某道工序的施工进度与计划不符。因此，要想找出成本变化的真正原因、施工良好有效的成本控制措施，必须与进度计划的适时更新相结合。具体有如下三种方法：

（1）网络计划的进度与成本的同步控制

网络计划在施工进度的安排上具有较强的逻辑性，在破网后可随时进行优化和调整，因此，对每道工序的成本控制也更为有效。

（2）利用赢得值原理图（进度费用曲线图）进行成本控制

利用赢得值原理图（进度费用曲线图）是对项目进行费用/进度综合控制的一种图型表示和分析方法。美国于20世纪70年代开发成功并首先用于国防工程，由于它在实际中的成功，国际工程承包业的业主出于自身利益的考虑，在选择工程公司时把能否运用赢得值原理进行项目管理和控制作为资格审查和能否中标的先决条件之一。

（3）挣值法。挣值法是对工程项目成本/进度进行综合控制的一种分析方法。通过比较已完工程预算成本（BCWP，Budget Cost of the Work Performed）与已完工程实际成本（ACWP，Actual Cost of the Work Performed）之间的差值，可以分析由于实际价格的变化而引起的累计成本偏差，并通过计算后续未完工程的计划成本余额，预测其尚需的成本数额，进而为后续工程施工的成本、进度控制及寻求降本挖潜途径指明方向。

（四）工程项目施工成本过程控制的内容

1. 人工费的控制

人工费的控制包括内部人工费和外部人工费的控制。如果没有外包工程，则人工费的控制仅包括内部人工费的控制。内部人工的管理与控制受到多方面因素的影响，如施工计划的安排、施工工艺的水平、施工人员的工作态度等都直接影响人工费的高低。要控制好内部人工费首先要合理安排施工进度，优化人力资源配置，最大限度地减少人力浪费。其次，要加强施工人员的培训，提高施工人员的技术水平和施工效率。外部人工费的控制。在企业与业主的合同签订后，应根据工程特点和施工范围确定劳务队伍。劳务分包队伍一般应通过招投标方式确定。零星工程一般情况下，应按定额工日单价或平方米包干方式一次包死，尽量不留活口，以便管理。在施工过程中，就必须严格的按照合同核定劳务分包费用，严格控制支出，并每月预结一次，发现超支现象应及时分析原因。同时在施工过程中，要加强预控管理。

2. 材料费的控制

对材料费的控制主要是通过控制消耗量和进场价格来进行的。

（1）材料消耗量的控制

1）材料需用量计划的编制适时性、完整性、准确性控制。在工程项目施工过程中每月应根据施工进度计划，编制材料需用量计划。计划的适时性是指材料需要计划的提出和进场要适时。材料需用量计划至少应包括工程施工两个月的需用量，特殊材料的需用计划更应提前提出。材料需用计划不应该只是提出一个总量，各项材料均应列出分时段需用数量。材料进场储备时间过程，必定要占用的仓储面积增大，材料保管损耗也会增加，材料成本就会增加。计划的完整性是指材料需用量计划的材料品种必须齐全。材料的型号规格、性能、质量要求等要明确，避免采购失误造成损失。计划的准确性是指材料需用量的计算要准确，绝不能粗估冒算。

2）材料领用控制

材料领用的控制一般通过实行"限额领料"来控制。包括施工员给班组签发领料单的控制和材料员依据材料需用计划对领料单的控制。月底对材料使用情况进行盘点，与月初计划相比，超额领料应及时查明原因。施工过程若有材料富余，应及时办理材料退库手续，避免材料浪费。此外，施工现场对材料的使用应做到工前有安排、工中有负责、工后有清理，可重复利用的材料要做好回收与保管，切实做到物尽其用。

3）材料计量的控制。利用长度的材料，如型钢等，质量必定超用。因此，计量器具要按ISO9001质量管理体系的要求，对计量器具定期检查、校正，使之处于受控状态，计量过程、计量方法必须受控。

4）工序施工质量控制

工程施工前道工序的施工质量往往影响后道工序的材料消耗量。比如，管线预埋阶段，管口不进行封堵就会造成混凝土渗入，穿带线不能穿入管内，重新更换管路，就会增加管路敷设穿线工程量。因此，必须做好隐蔽工程的检查，避免返工，增加材料消耗量。

（2）材料进场价格控制

材料进场价格控制的依据是工程投标时的材料报价和市场信息。材料的采购价加运费构成了材料的进场价，应尽量控制在工程投标时的材料报价内。由客户提供的材料，采购的市场风险已由客户承担，那么这方面的材料成本控制主要体现在材料的使用和管理上。自行采购的材料，采购前应进行市场调查，并建立材料采购招标制度，对采购方式、厂家选择、材料价格、材料质量、材料数量等多方面进行控制，实行层层监督，选用物美价廉的产品，从源头上防止材料成本过高。对需要采购的材料，事先列出名称、规格、型号、数量等具体要求，采购入库后，应及时将其单价与投标报价时的单价相对比，按月统计材料采购超支费用或盈余金额，以便对材料成本进行分析，把好材料成本控制的第一关。材料的购买、运输、存放及领用过程要有一定的流程安排，尽量减少材料转运次数，降低材料运输、保管费用。

3. 机械使用费的控制

施工机械所耗费的费用是施工直接成本的重要部分，随着工程建设规模的扩大和技术的进步，施工机械化的程度也在日益提高，因此施工机械选配是否合适及其性能、状态，对施工方法的选择、施工进度的安排和施工质量的优劣有着直接的影响，从而对施工成本产生重要的影响。施工机械也分为自有和租赁两部分：对自有机械设备应建立施工机械严格的使用和保养制度，做到定人定岗，保证设备高效运转，操作人员必须经过严格的培训和考核才能上岗。施工设备是否按施工计划处于高效的运行状态，并在保证施工的前提下，降低油料消耗和机械磨损，这些都对操作人员的素质有很高的要求，也直接影响机械成本的控制。做好机械设备的维护是设备正常运转的保障，在设备原值一定的情况下，如果能合理使用，做好平时的管理和维护，延长设备的使用寿命，能有效地降低成本，提高设备的效益指数。租赁机械设备：凡是在目标成本中单独列出的租赁机械，在控制时应按使用数量、使用时间、使用单价逐项进行控制。

4. 现场经费的控制

现场经费包括项目经理部管理人员的工资、奖金、临时设施费、交通费、业务费等，现场经费内容多，人为因素多，不易控制，在保证工程按合同施工的前提下，控制好这部分费用开支也是工程项目成本中的重要内容。可以采取如下措施控制现场经费支出：提高项目管理人员素质，尽可能保持项目管理机构精干、高效，以控制管理人员数量、降低工资性支出；精心筹划、合理组织施工设备、人员、物资的进退场，尽可能节约进退场的费用支出；对差旅费等不易控制的费用可实行包干，对不宜包干的项目可通过建立严格的审批手续来控制。

第三节　电力施工项目目标成本控制

一、目标成本控制的概念、特点及原则

（一）目标成本管理的概念

目标管理在 20 世纪 50 年代中期出现在美国，是由美国著名管理学家彼得德鲁克首先提出的，以泰罗的科学管理和行为科学理论（特别是其中的参与管理）为基础形成的一种现代管理制度。

目标成本管理最早产生于美国，后来传入日本、西欧等地，并得到了广泛应用。日本将目标成本管理方法与本国独特经营机制相结合，形成了以丰田生产方式为代表的成本企划。在 20 世纪 80 年代，目标成本管理传入我国，先是机械工业企业扩展了目标成本管理的内涵与外延，实行全过程的目标成本管理；到 90 年代，形成了以邯钢经验为代表的具有中国特色的目标成本管理。在现代化的施工项目管理中，目标管理方法以其针对性、实用性和先进性被广泛采用，而且特别适用于对主管人员的管理，所以被称为"管理中的管理"。现如今已在我国许多企业中应用，并被实践证明这是一种有效的科学管理方法。

目标成本管理是为了保证目标利润的实现而确定的在一定时期内其营业成本应控制的限额，或者说事先确定的经过努力可以达到的成本奋斗目标。目标成本管理始于产品生产之前，在产品开始循环的早期就对成本进行规划，而不像传统的成本管理方法那样在成本实际发生之后再进行控制。这是一种适用于企业内部的约束性指标，具有先进性、科学性

和群体性，是企业降低成本的有效途径。它以实现目标利润为目的，以目标成本为依据，对企业经营活动过程中发生的各种支出进行全面的管理。可以说，目标成本管理是企业降低成本、增加盈利和提高企业管理水平的有效方法。

（二）目标成本管理的特点

目标成本管理是目标管理与成本管理的统一，它具有以下特点：

1. 以人为本

人是管理的核心和动力，没有人的积极性，任何管理工作都不可能搞好。以人为本的成本管理是目标成本管理最重要的特征之一。

2. 严密性

管理的封闭原理告诉我们，管理活动构成连续封闭的回路，对于形成有效的管理活动是非常有利的，它在很大程度上影响管理效能的高低。在目标成本管理过程中，以预定的效益为目标，又以效益目标达成程度为评价工作绩效的依据，"确定目标，层层分解""实施目标，监控考核""评定目标，奖惩兑现"，这三大环节形成一个紧密联系的封闭的成本管理系统，为目标成本管理取得高效能创造了重要条件。

3. 未来性

目标成本管理要求企业的成本管理必须有明确的奋斗目标和控制指标，把成本管理工作的重点放在企业未来成本的降低上，围绕成本的降低扎扎实实地开展成本经营工作，通过对成本发生和费用支出的有效控制，保证成本目标的实现。

4. 前瞻性

目标成本管理要求企业在进行成本管理时必须事先对成本进行科学预测和可行性研究，制订正确的成本目标，并依据成本目标进行成本决策和目标成本管理，制定最优的成本方案和实施措施，预先考虑到成本变动的趋势和可能发生的情况，提前做好准备和安排，采取妥善的预防性措施，把成本的超支和浪费消灭在发生之前。

5. 全面性

目标成本管理要求企业的成本管理必须建立在全环节、全过程、全方位和全员参加的成本控制网络上。

6. 系统性

目标成本管理要求企业在成本管理中，要以系统论的原理来指导成本经营工作。目标成本是企业系统整体功能作用发挥的必然结果，要实现目标成本，就要协调好企业内部各子系统、各要素之间的生产关系和人际关系，处理好它们之间成本发生、转移的相互制约和相互保证关系，保证各个系统要素对成本控制作用的充分发挥。

7. 效益性

目标成本管理要求企业在成本管理中，必须把提高或保证资本最大增值盈利作为目标成本管理的出发点和归宿。因此，目标成本管理工作必须以提高经济效益为指南，注重成本效益分析，把提高资本增值效益放在突出位置，用经济效益作为评价各部门、人员成本管理工作绩效的标准。

8. 综合性

目标成本管理是一种综合性的成本经营，能够综合地运用各种成本管理理论和方法，吸收和利用这些理论和方法来为目标成本管理服务，保证目标成本的实现。与全面成本管理、责任成本管理、作业成本管理、质量成本管理、功能成本管理、定额成本管理、标准成本管理等有机结合起来；引进经济数学模型，使目标成本实现定量化；运用电子计算机技术，建立成本信息反馈系统，使目标成本管理手段现代化等。

（三）目标成本管理的原则

对目标成本的控制必须遵循一定的原则，才能充分发挥成本控制的作用。如果成本控制没有原则，不仅不能控制成本，而且会造成混乱，挫伤职工的积极性。在推行目标成本管理的过程中，主要应把握以下几个原则：

1. 全员及分级控制原则

成本控制必须是通过全体员工来完成的。成本是一个综合性指标，涉及企业所有部门、项目经理部、施工队组等。因此，要求企业人人、事事、处处都要有成本控制意识，按照定额、限额、计划等进行管理，从各方面各层次堵塞漏洞，杜绝浪费，形成一个成本控制网。

2. 全过程动态控制原则

成本控制的对象贯穿成本形成的全过程，它包括施工组织设计、劳动组织、材料供应、工程施工、工程移交等各个方面。只有对全过程进行控制，才能促进各项降本措施得到贯彻落实，达到预期目标。

鉴于施工项目的一次性特点，过程控制又必须是动态的。由于施工准备阶段的目标成本主要是依据上级要求和施工组织设计的内容来确定的，当竣工阶段的成本核算造成了成本盈亏，或发生偏差，是来不及纠正的。因此，项目经理部应把成本控制的重点放在过程的动态控制上。

3. 计划调整加严原则

在实施目标成本管理和控制时，只有按照目标成本计划内容实施的，才可由各部门在工作职责范围内逐项处理。但对成本差异金额数较大的事项（如工资、奖金、办公费、差旅费），以及对单项目标成本超计划使用的必须经过规定的手续由专人审批，并对成本目标计划进行调整。

4. 权责明确原则

遵循目标成本管理的权责明确原则，谁实施、谁控制、谁负责，将设定的分项成本与施工管理的基本分工统一起来，力求实现谁组织施工，谁控制消耗，谁对受控内容的结果负责。

5. 成本责任区域原则

设定项目目标成本多个成本责任区域，力求做到在责任区域内，施工管理、消耗控制、成本核算三位一体，实施集成管理。

6. 目标成本可分解原则

对构成实物量的责任区域明确测算到分部、分项，便于项目部相关人员将局部控制和总体控制统一起来。

二、目标成本管理的内容

目标成本是企业在建立目标管理体制的情况下，在工程项目开始施工之前，为人工、材料、机械设备等工程项目预先制定的成本。在施工企业中，企业根据工程中标价先预测出项目部责任成本（公司的目标成本），然后项目部根据责任成本编制项目部施工成本计划进行成本控制。目标成本是企业成本管理的重要内容，制订合理的目标成本是进行成本控制的基础。目标成本与实际成本相比较，可以查明施工过程中发生的不利差异，通过对不利差异进行分析可以加强成本控制。

推行目标成本管理，应结合经济责任制，将总的成本目标层层分解，落实到部门、班组和个人。目标成本管理包括目标成本预测、决策、分解、落实、核算及目标成本分析、控制、考评等内容。

（一）成本目标制订

目标成本管理，首先是制订成本目标，按照科学性原则，充分掌握资料，即进行市场预测、销售量预测、利润预测和成本预测、搜集有关历史资料和企业当前有关生产能力等资料。在充分掌握资料的基础上，进行加工处理、形成对决策有用的资料；再进行成本决策分析，提供各种备选方案，进行成本决策，确定优化方案。方案一旦确定，就应该以该方案为基础，进行目标成本的分解和落实，最后形成目标成本计划，作为执行的标准。

（二）目标成本执行

目标成本下达到项目部后，项目部要按公司规定划分成本责任区域，将目标成本分解并落实到相关责任人身上，细化分工可以结合项目自身的特点自行寻找合适的方法。成本目标如果不能及时落实到责任人身上，过程控制就没有依据，就不可能有效展开，也就起不到控制成本的作用。项目的成本核算和控制要围绕目标的实现来运作，从流程和制度上强制性地将消耗核算和控制纳入目标成本管理的轨道，以保证目标成本管理的有效推进。

（三）目标成本核算

目标成本核算是对目标成本执行过程中实际发生的成本进行核算，为企业外部的宏观管理和企业内部的微观管理和控制提供依据。过程核算是目标成本管理最重要的环节，项目部通过对目标和实耗数据的不断对比分析，及时发现过程中存在的问题，并分析原因上报公司，确保项目成本处于受控状态，真正实现项目成本从事后控制向事前和事中控制的转变。公司根据各项目反馈的问题，不断调整、完善，逐渐形成一套完善的公司内部目标成本管理体系。

（四）目标成本分析与考核

目标成本分析包括事前的预测分析、事中的控制分析和事后的业绩分析。为目标成本的预防控制、过程控制、反馈控制，以及考核评价提供充分客观的依据。根据目标成本执行结果和详细的分析资料，对各层次的目标责任者，按照目标责任制的要求和标准进行自我评价和逐级考核，肯定成绩发现不足，为进一步加强目标成本管理创造条件。

三、电力施工目标成本管理

（一）确定目标成本

根据项目合同条款、施工条件、各种材料的市场价格等因素，测评该项目的经济效益。施工组织设计的编制，在不断优化施工技术方案和合理配置生产要素的基础上，通过人、材、机消耗分析和制定节约措施之后，制订现场的目标成本。目标成本的测算方式应与施工现场实际的施工组织形式相一致，并且其成本总额应控制在责任目标成本范围之内，并留有余地。

为了确定合理的目标成本，可根据企业自身的管理水平和技术力量、材料市场价格变化等因素进行分析，也可制定内部施工定额。同时还要编制施工管理费支出预算，严格控制分包费用，避免效益流失，避免"低进高出"，保证项目获得预期效益。目标成本测算分为工程实体性消耗测算及非实体性消耗测算。实体性消耗主要是直接构成工程本体的消耗，如施工过程中消耗的构成工程实体的原材料、辅助材料、构配件、零件、半成品等费用，遵循定额量、市场价的测算。

而非实体性消耗是指不直接构成工程本体，但在施工过程中必须发生的那部分消耗量，主要包括人工费、模板及脚手架费、机械费、临设费、现场经费、工程水电费等几大部分。这部分成本的测算与工程施工组织设计及施工现场情况关系密切，应依据已施及在施工程积累的资料并结合市场因素统一制定。比如，临时设施费就包括生活用房、生产用房、临时通信、室外工程（包括道路、停车场、围墙、给排水管道、输电线路等）的费用，与现场的实际情况密切相关，应按实际需要进行测算。

（二）电力施工项目目标成本执行

成本计划的执行过程，实际上就是工程项目从开工到竣工的生产过程，成本计划执行过程中的管理是对照成本计划进行日常控制。其主要内容包括生产资料耗费的控制、人工消耗的控制和现场施工进度、质量、安全的控制，以及其他管理费用的控制等。施工阶段成本控制的重要一环就是要科学地组织建设，正确地处理造价和工期、质量的辩证关系，以提高工程建设的综合经济效益。

1.加强业内管理，树立全员的经济意识

在项目施工过程中，强化经济观念、树立全员经济意识、狠抓思想作风、注重廉政建设是十分必要的，以节约现场管理费用、精简管理机构、提高工作质量和效率。目前电力施工企业的成本意识还很薄弱，是导致其成本控制不力的一个重要方面。所以项目管理部要加强宣传与培训提高全体员工的成本概念和经济意识，强化索赔意识，抓好索赔工作，找准索赔的切入点，抓住在规定时间内提高索赔的详细额外费用计算清单和资料。同时加强内业管理作为成本计划执行过程中管理的重要环节之一，要求项目管理部具体做到如下工作。

（1）做好图纸会审

在工程项目开工时，认真做好图纸会审工作。在图纸会审时对结构复杂、施工难度高的项目，要认真仔细看透图纸，从方便施工、有利于加快工程进度、确保工程质量又能降低资源消耗、增加工程造价等方面考虑，积极提出修改意见。

（2）优化施工组织设计

对施工组织设计进行细化优化，选择适合的施工机具，满足施工的同时又不失经济性。

（3）布置施工图

合理调度周转材料，精心布置现场施工图；合理分配工作面，既能加快工程进度，又能确保工程质量。

（4）编制施工方案

编制出技术上先进、工艺上合理、组织上精干的施工方案。

（5）落实管理责任

项目管理部应严格按照合同条款严抓质量、安全、进度，将施工现场技术管理人员责任到人。

（6）按时编制报表

按合同约定按时编制进度计划和进度款报表。

（7）及时办理签证

对于工程变更，应及时出具工程变更联系单并请监理、甲方签证工程量及价款。由于不可抗力影响，导致工程停工应及时进行工期签证。由于开发商原因造成工期延误及损失，应及时办理书面签证手续。

2.控制材料和机械设备成本

在项目生产过程中，材料成本和机械设备使用占整个工程成本的60%左右，有较大的节约潜力。往往在其他成本出现亏损时，要靠材料的节约来弥补。从目标成本管理角度对电力施工成本管理过程中设备材料控制的要求有以下几点。

（1）建立完善的采购和收发制度

建立完善的采购和收发制度十分必要，一般在不影响正常施工的前提下，减少材料储存量，以加速资金周转。

（2）严格材料采购程序

材料采购应通过市场调查，论质比价；对于耗量大、价款总额较大的材料应采取招标方式，公开竞价，择优选定。这样既有利于保证质量，又有利于杜绝暗箱操作和腐败现象。

（3）强化现场材料管理

要加强现场管理，合理堆放材料；严格收发料制度，进场要认真点验、保质保量，发料要严格按照计划发放，做到账物相符，台账清楚。对周转材料，实行限额领料；对余料坚持回收和废物再利用。

（4）合理配备机械设备

设备管理部门要根据工程质量、进度和设备能力的要求，合理地配备机械，外租机械设备，如塔吊、吊车、发电机、施工电梯等，分别采取按台班、按工作量或包月等不同的租赁形式进行租用，按油料消耗定额进行抽查。

（5）严格机械设备使用制度

合理安排机械设备的进、退场时间，合理调度和充分利用机械设备，提高利用率。合理使用自备机具，减少机具闲置。对于机械设备应建立日常定期保养和检修制度，确保机械设备完好，杜绝机械事故的发生，努力降低机械使用成本。

3. 强化分包成本控制

针对电力施工项目对分包商管理不到位的问题，应当对加大分包队伍的资质及实际施工能力的审核。要尽可能地选择有竞争力的、有信誉和诚信的分包队伍，并逐渐将劳务队伍进行专业化培养。对分包商成本的控制在管理层与劳务层两层分离的条件下，项目管理部与施工队之间需要通过劳务合同建立发包与承包的关系。在合同履行过程中，项目管理部有权对施工队的进度、质量、安全和现场管理标准进行管理，同时按合同规定支付劳务费用。电力企业在实施目标成本管理过程中要从以下几个方面加强对分包商的成本控制。

（1）工程量和劳动定额的控制

项目管理部与施工队的发包和承包，是以实物工程量和劳务定额为依据的。在实际施工中，由于业主变更使用需要等原因，往往会发生工程设计和施工工艺的变更，使工程数量和劳动定额与劳务合同互有出入，需要按实际调整承包金额。对于上述变更事项，一定要强调事先的技术签证，严格控制合同金额的增加；同时，还要根据劳务费用增加的内容，及时办理增减账，以便通过工程款结算，从甲方那里取得补偿。

（2）估、点工成本控制

由于电力施工的特点，施工现场经常会有一些零星任务出现，需要施工队去完成。而这些零星任务，都是事先无法预见的，只能在劳务合同规定的定额用工以外另行估工或点工，这就会增加相应的劳务费用支出。

（3）坚持奖罚分明的原则

项目建设的速度、质量、效益，在很大程度上都取决于施工分包商的素质和在施工中的具体表现。因此，项目管理部除要对分包商加强管理以外，还要根据施工队完成施工任务的业绩，对照劳务合同规定的标准，认真考核，分清优劣，有奖有罚。在掌握奖罚尺度时，首先要以奖励为主，以激励施工队的生产积极性；但对达不到工期、质量等要求的情况，也要照章罚款并赔偿损失。这是一件事情的两个方面，必须以事实为依据，才能收到相辅相成的效果。

（4）落实生产班组的责任成本

生产班组的责任成本就是电力施工项目的分部分项工程成本。其中实耗人工属于施工队分包成本的组成部分，实耗材料则是项目材料费的构成内容。因此，分部分项工程成本既与施工队的效益有关，又与项目成本不可分割。生产班组的责任成本，应由施工队以施工任务单和限额领料单的形式落实给生产班组，并由施工队负责回收和结算。在任务完成后的施工任务单结算中，需要联系责任成本的实际完成情况进行综合考评。

4. 进行质量、安全、工期、成本综合管理

"企业是利润中心，项目是成本中心。"电力施工企业要想从工程项目的建设中获得利润，必须在保证安全、质量和工期的前提下，严格实行成本控制。

管理者要找到质量成本最低的理想点，既要保证施工质量达到设计及规范要求，又要尽可能降低工程成本。加强质量控制、有效提高产品质量是企业生存的根本，一旦发生质量事故，要返工，从而增加材料用量，拖延工期。

安全是职工的生命。项目的生产，首先要加强防患意识，保证建筑物的安全，保证参加工程建设的施工人员的人身安全，避免安全伤亡事故所造成的不必要的损失。对于安全生产的每一项工作，都必须按照"开工前安全技术交底、作业面安全措施落实、施工过程安全文明检查、工完料尽场地清、完善成品保护"的程序化施工。

工期管理也是合同管理的环节之一，一般来说，工期短，成本小，但当工期缩短到一定限度时，再要缩短工期，所采取措施的成本则会急剧上升。合理安排工期，对工程成本也会产生较大的影响，如随着工期的缩短，直接费会增加，而间接费会减少。因此，不能盲目地缩短或延长工程的总工期，要在合理组织施工的前提下科学地安排工程的施工工期，确定工程施工的关键路径及所要确保的主要节点目标，保证技术资源配置及组织协调，以质量保工期、以安全保进度。

5. 建立施工项目信息管理系统

随着计算机应用软件的迅速发展，人们越来越认识到其重要性，并将其运用到生产实践中。目前，在国内已开发出不少用于项目管理的软件，而且还有专门用于成本控制及管理的软件，这样不仅可大大提高管理人员的工作效率，而且在辅助管理人员进行设计、决策管理方面也起到了十分重要的作用。因此充分利用和发挥计算机在成本管理中的作用，可提高预测的准确性、控制的及时性，提高传输效率和资源共享利用率。

根据电力施工企业的特点，施工工程项目建设规模大、布局分散、涉及部门广、信息庞杂，施工企业要全面采集时空跨度大的大量工程信息，企业如何在如此复杂的条件下，

对所承接的项目有效地进行实时的成本控制，建立施工项目的信息管理系统，发挥计算机快速、及时、准确等优越性具有极其重要的意义。

（三）基于作业成本法的目标成本核算

加强项目成本核算是电力施工企业外部经营环境的要求，也是企业战略发展的需要。成本核算是一个动态的管理活动，必须指导和服务于项目成本执行全过程。

1. ABC 作业法介绍

作业成本法（Activity-Based Costing，简称"ABC"），是 20 世纪 80 年代末在美国兴起的一种先进的成本计算与企业管理方法。作业成本法包括作业、资源、作业中心、作业动因、资源动因等基本概念。

（1）作业（Activity）

作业是企业提供产品或劳务过程中的各工作程序或工作环节。一般而言，作业是指一个组织为了某种目的而进行的消耗资源的活动，它是连接资源与成本目标的桥梁。

（2）资源（Resource）

资源指支持作业的成本和费用来源。它是一定时间内为生产产品或提供服务而发生的各类成本、费用项目，或者是作业执行过程中所需要花费的代价。

（3）作业中心（Activity Center）

作业中心是一系列相互联系、能够实现某种特定功能的作业集合。例如，原材料采购作业中，材料采购、材料检验、材料入库、材料仓储保管等都是相互联系的，并且都可以归类于材料处理作业中心。

（4）作业动因（Activity Driver）

作业动因是指作业发生的原因，它计量成本对象对作业的需要，并被用来向成本对象分配作业成本。作业动因是将作业成本库中的成本分配到产品或劳务中的标准，也是将资源消耗与最终产出相沟通的中介，是衡量产品或劳务对作业需求的频率和强度的标准。

（5）资源动因（Resource Driver）

资源动因是计量作业对资源的需求并用来向作业分配资源成本。按照作业成本法的规则，资源耗用量的高低与最终产品没有直接关系，作业决定着资源的耗用量。资源动因是衡量资源消耗量与作业之间关系的某种计量标准，它反映了消耗资源的起因，是资源费用归集到作业的依据。资源动因可以控制与评价作业使用资源的效率。

2. 成本核算应用举例

对于 ABC 作业成本核算法的具体应用和实施效用，接下来引用一个具体的案例进行说明。

某工程零件制造商，以前的成本核算系统是传统成本核算系统，其中制造费用按照人工小时分配。由于客户广泛，产品系列很多，致使生产过程既有高度复杂的自动化生产也有部分的手工生产。为了满足客户的特殊需求，订单都非常小，因此市场要求公司具有高度的柔性和快速反应能力。于是管理层认为作业成本法是解决其面临问题的一个方案，并且指定了一名财务控制员为公司导入作业成本法的负责人。

接到这项任务后，财务控制员建立了一个包括他自己、一个制造部门的工程师和一个成本会计师的项目组，在之后的三个月时间里，作业成本法项目组与公司内部其他部门的人员进行了大量的非正式交流。工程师和负责人都全职参与 ABC 实施工作，成本会计师把约 2/3 的时间投入这个项目。

该小组为全企业建立了 25 个成本库，并用了大量的时间就成本动因达成一致。

很多成本动因对于多个成本库是相同的，项目小组在成本分配上没有费多少时间。公司实施作业成本法的软件系统是基于 PC 的，其中包含大量由财务控制员建立的 Excel 表。购买软件只需要 1000 美元，但是需要做很多的基础工作来使软件适合公司的特殊需要，另外收集和输入数据也很花时间。

作业成本法系统最初计划在 4050 个产品上试运行，这些产品覆盖了公司产品的所有系列。当他们分析了产品的同质性后，品种数量降低到 25 个。作业成本法系统能够计算出真实的成本和并用于定价，自动计算出业绩计量和产品的利润率，能给管理提供很多决策相关的信息，当前年度的预算也将基于作业成本法提供的信息和建立的作业成本核算模型做出。

通过实施作业成本法，公司获得了更准确的成本信息和定价信息，由此改变公司在市场中的地位；建立了针对进口的有竞争力的产品基准。同时更好的成本信息使得管理层把一些内部低效率的制造转向外包。由于针对不同方面更好地衡量，公司做出了更好的资本投资决策。

3. 基于作业成本法的电力施工项目目标成本核算

对于电力施工项目来说，成本核算还处于最原始的水平，成本核算与管理不能对应。核算工作大部分仅仅停留在记账、算账、报表上，仅仅在为核算而核算的层面上。强化成本核算管理，坚持预算成本和实际成本核算的原则，提高核算质量。通过对工程项目成本构成和影响成本因素的分析，弄清未来成本管理工作的方向和寻求降低成本的途径。根据项目管理部制定的考核制度，对责任部门、相关人员进行考核，实行奖优罚劣的原则，以提高节约成本的意识。

应用作业成本法对项目成本进行作业成本计算和作业基础管理，对电力施工企业来说具有重要意义。基于作业的 ABC 方法为作业的绩效评估提供了一个很好的计算模型，将企业管理与成本控制深入到作业层面。此外 ABC 可以进行作业特性分析，发现流程中的增值作业、非增值作业、低效率作业，并给作业流程改进或者作业流程再造提供成本方面的量化手段。并且 ABC 可以帮助成本管理人员发现那些被扭曲的成本数据，为正确成本控制决策提供依据。

作业成本法的基本原理是生产导致作业的产生、作业导致成本的产生，成本与费用是通过作业联系在一起的。因此，作业成本计算法的成本计算程序，就是把各个资源库的成本分配给各作业成本库，再将各作业成本库中的成本分配给最终产品。作业成本法进行成本核算的步骤如下。

（1）确认和计量项目耗用的资源

电力施工企业项目经理部应建立和健全以单位工程为对象的项目成本核算账务体系，严格区分企业经营成本和项目成本的界限，在项目实施阶段不对企业经营成本进行分摊，以正确反映项目可控成本的收、支、结、转的状况和项目成本管理的业绩。

（2）分析和确认耗用资源的作业，并将这些作业分类汇总建立作业库

项目的完成过程是由一系列作业组成的，在进行作业成本计算时首先要根据实际计算的需要确定这些作业。由于确定出的作业的数目往往非常巨大，使得计算非常复杂，为了简化计算一般还需要根据作业的相关性对同质作业进行合并，建立作业中心成本库。成本库是指作业所耗费资源的归集中心。在作业成本法中，将每一个作业中心所耗费的资源归集起来作为一个成本库。

（3）确定资源动因，用资源动因将归集起来的资源成本分配给各作业

资源动因是分配资源成本到成本库的标准，是联系资源和成本库费用归集的桥梁。在进行项目成本分配时，将能够直接分配给具体作业的，直接分配；不能直接计入的，采用一定的分配方法分配计入各作业。

在对间接成本进行处理时，不同行业不同工作的间接计入费用的范围各不相同。由于间接计入费用的发生不能直接归属到某一个作业，现行的会计制度仅记录各项间接费用的总费用，不能反映各个作业消耗费用的情况，而作业成本计算法要求把间接费用首先根据资源动因分配到不同的作业中，以使成本控制深入作业层次进行成本控制。再根据资源动因把各项资源消耗的间接费用向作业中心进行分摊。资源动因量统计得越准确，成本库费用的归集就越科学、精确。

（4）确定作业动因，用作业动因将各个作业中心的成本分摊到最终产品

作业动因是分配作业成本到产品或劳务的标准，是连接作业消耗量和企业产出量之间关系的桥梁。为作业成本库选择合适的作业动因是作业成本库费用分配的关键。通常一个作业有多个不同的作业动因。例如，产品检验作业的作业动因有检验次数、检验时间、不合格产品数等；再如，采购作业的作业动因有采购单数、供应商数、零件数等。确定作业动因的关键在于要为每个成本库选择一个能反映作业消耗量与实际消耗量相关程度较高的作业动因。一定要避免使用不能准确反映作业消耗量的作业动因。例如，如果材料处理所需的时间是变化的，利用处理次数作为作业动因就不如利用材料处理时间作为作业动因好。如果利用处理次数作为作业动因，一个需要较长时间进行材料处理的产品成本会被低估，而一个仅需要很短时间的产品成本就会被高估。

（5）计算产品成本。由于 ABC 在成本计算中引入了作业中介，所以许多在传统成本计算方法下被认为是不可追溯成本，ABC 下就能转变为可追溯成本，从而使间接费用的分配更合理，产品成本计算结果更准确。成本分配在于尽量根据成本发生的因果关系，将资源耗费分配到产品或其他成本计算对象上。因此，可大致将成本分为以下三种类型，并采取不同的方式进行处理。

①直接成本

某类成本的发生如果是直接由生产某种产品所引起，那么这类成本通常可直接追溯到特定的产品，即是直接成本。直接材料、直接人工都是典型的直接成本。为了保证成本计算结果的准确性，直接成本应以经济可行的方式直接计入有关产品。

②可追溯成本

多成本虽然不能直接追溯到某种产品，但是却可以追溯到有关作业，由此得到作业成本。有些作业成本多少不与产品直接相关，而与另外一类作业相关，前者称为辅助作业，后者称为主要作业。例如，人事管理、设备维修等作业都属于辅助作业。首先根据各主要作业所消耗的辅助作业量的多少，将辅助作业成本分配至主要作业；其次根据不同产品所消耗的作业量，将各项主要作业成本分配到各种产品中。

③不可追溯成本

这部分成本既不能直接追溯到某种产品，也不能追溯到某种作业。该类成本比例通常很小，被称为"不可追溯成本"。对于此类成本可选用某种标准将其分配到各有关成本对象上。ABC 的运用，使得传统成本计算方法下许多间接费用变得可追溯。

（四）电力施工项目目标成本分析

在前面成本核算的基础上，通过成本分析揭示成本变化及其变化原因。在成本形成过程中，利用项目的成本核算资料，将项目的实际成本与目标成本进行比较，系统研究成本升降的各种因素及其产生的原因，总结经验教训，寻找降低项目施工成本的途径，以进一步改进成本管理工作。成本分析为成本考核提供依据，也为未来成本预测和成本编制提供信息。

例如，可以通过将工程预算成本与通过作业成本法计算得到的工程成本进行比较，得出工程项目的实际成本与社会平均水平的差距。对工程成本中的因作业效率低下产生的不增值作业成本进行分析，采取措施消除不增值作业和优化增值作业，使得作业效率进一步提高，以达到降低成本的目的。

（五）电力施工项目目标成本考核

成本考核是施工项目成本管理的总结阶段。成本考核是在工程项目建设的过程中或项目完成后，定期对项目形成过程中的各级单位成本管理的成绩和失误进行总结与评价。通过成本考核，给予责任者相应的奖励或惩罚。目标成本考评是以内外结算和审计为依据，综合评价项目部的工作，并做出结论的过程。其中最重要的是要依据最终结论，给予奖惩。针对电力施工项目成本控制过程中积极性不高、成本控制意识差等问题，电力施工企业应建立和健全项目成本考核制度，作为项目成本管理责任体系的组成部分。考核制度应对考核的目的、时间、范围、对象、方式、依据、指标、组织领导，以及结论与奖惩原则等做出明确规定。

电力施工企业应当充分利用项目成本核算资料和报表，由企业财务审计部门对项目经理部的成本和效益进行审核，在此基础上做好项目成本效益的考核与评价，并按照项目经理部的绩效，落实成本管理责任制的激励措施。

第四节　电力企业成本控制的现状及解决路径

一、电力工程项目成本管理现状

（一）电力施工企业工程项目类别及成本特征分析

电力施工企业的成本特征可以通过成本的产生及成本的专业范畴两方面加以分析。

对于电力施工企业成本的产生环节来说，因为电力施工企业的工人种类很多，并且具有很大的交叉性。因此，对电力施工企业成本控制的关键在于对电力施工项目的实践管理，电力施工企业的施工成本直接取决于施工管理的水平。与此同时，电力施工项目对进度成本的管理和控制给予了更多的关注。因为电力项目是牵涉国家生计的关键内容，每一项工序的进度都会对电力施工项目的实践和整体工期形成拖累。工程工期的延长将导致现实成本费用支出额度高于预期成本费用支出的标准，因此，需要对电力施工项目的工期成本予以足够的关注。

对于电力施工企业成本的专业范畴来说，因为电力施工项目具有较强的特殊性，其施工环节应当严格依照现行的标准和规范进行。电力施工项目的检测、监督和执行等都应当通过专业化的机构开展。立足于上述特征，本书将电力施工企业成本控制的关键定位在施工环节的成本管理和成本控制上。将成本管理和成本控制的责任落实到电力施工企业的管理部门，其具体流程为：首先，制定电力施工项目成本费用支出方案；其次，在电力施工项目实践前签署责任书；再次，电力施工项目管理部门按照合同的要求制定成本费用支出方案；最后，对电力施工项目的施工人员予以绩效考评。

（二）电力工程项目成本管控流程

目前，在电力施工企业的管理活动中，成本管理处于愈加显著的地位。现阶段的电力施工企业项目成本管理已不再是简单的成本费用支出的统计与核准，而是一个规范化的、流程化的完整链条，包括电力施工企业成本费用支出方案的制定、成本费用支出限额及责任的细化、成本费用支出方案的执行、成本费用支出额度的统计与分析、成本费用支出状况的管理和控制，以及成本费用支出状况的考评等。上述环节都是彼此关联、彼此约束的，全部环节的总和共同实现对电力施工项目成本的动态化管理和控制。

1.筹划阶段成本控制的主要工作

进行市场调研并以此为依据开展投资评估分析。因为正确的项目筹划是开展有效成本控制的基础，因此筹划阶段成本控制的优劣是电力施工企业成本控制水平的决定性因素。

筹划阶段成本的有效控制应当依照下述几点进行：①电力施工企业应当深入探究项目投资的客观环境、经济技术指标及项目的市场价值等；②电力施工企业应当调查并分析项目的市场预期、利润空间等，从而为投资方案的制定提供数据支撑；③电力施工企业的数据分析人员应当选取科学的数据资料和分析方法，从而得出合理的估算结果。

2. 电力施工项目计划阶段的项目成本控制

科学的项目设计可以减少成本支出、缩短投资回收期，从而实现经济效益的最大化。因此，电力施工企业在开展项目设计之前，应当做好详尽的分析，从而保障成本管理的有效性。①电力施工企业可以通过招投标的形式筛选出资质达标、经验丰富并且成果出众的设计单位承接项目的设计工作，从而保障设计方案的技术可行性、质量可靠性和经济合理性；②电力施工企业应当对限额设计的实施给予足够的关注，防止在项目竣工结算时出现施工成本超支的问题；③项目设计工作者既要确保设计方案的期限和质量，又要充分考虑操作便利性和施工成本等问题，从而保障设计方案的合理、可行；④在设计方案敲定之前，应当由相关人员进行全面的审核，将发现的漏洞和缺陷加以整改，尽可能地防止在施工阶段出现设计变更的问题，从而保障电力施工项目的正常运行及成本支出的有效控制。

3. 电力施工项目施工阶段的项目成本控制

电力施工项目的施工阶段是将设计方案变成现实的过程，施工阶段的成本控制是电力施工企业成本控制中最为困难的环节。电力施工项目的施工阶段应当做好如下工作：保障项目质量、控制项目造价、掌握项目进度、减少人财物料的支出等。具体成本控制措施如下：

第一，在项目施工前期进行必要的施工组织设计审查。施工组织设计既是施工单位开展项目施工的指导性文件，又是电力施工企业进行项目质量控制、施工成本控制等工作的基础支撑。此外，施工组织设计还是处理工程纠纷和经济索赔的重要参考文件。

第二，强化对工程款的管理力度，保障电力施工项目顺利开展。比如，电力施工企业要将有关钱款及时结清，尽可能的不拖欠钱款，从而确保施工单位的工作积极性。

第三，坚决执行物资采购的价格对比。物资采购比价应当遵循公平、公正、公开的原则，在确保质量的基础上，选择价格最优者。

第四，强加工程变更的管理力度。在项目施工阶段，应当对成本计划和项目进度加以严格审查，对由于各种因素所造成的设计变更和材料变更等情况产生的费用增加及时确认，为竣工结算做好前期工作。

第五，强化项目合同管理。良好的合同管理能够保障电力施工项目的施工进度和成本支出等都严格控制在合同条款所约束的范围之内，防止因安全事故或者质量问题造成的经济纠纷。

4. 电力施工项目竣工结算阶段的项目成本控制

竣工结算阶段的成本控制是电力施工项目成本控制的最终环节。在竣工结算阶段，电力施工企业应当依照有关法律法规、项目合同及竣工资料等材料，对电力施工项目的工程量、验收记录及附属工程的费用支出等加以审核。在电力施工项目完成竣工结算并交付使用后，成本控制机构应当对电力施工项目进行评价，分析对比项目的成本支出，并提出针对性的改善建议，从而提升新项目的成本控制水平。由于成本控制内容渗透在电力施工项目的全过程当中，因此，电力施工企业应当从根本处着手，对各环节进行成本控制。对竣工结算阶段应当强化审计，从而提高对投资费用核算的准确性。

（三）电力工程项目岗位体系分析

1.项目经理

代表公司实施施工项目管理。贯彻执行国家法律、法规、方针、政策和强制性标准，执行公司的各项管理制度，维护公司的合法权益。履行《项目管理成本责任书》规定的任务。组织编制项目成本计划，确定目标成本。以项目管理规划大纲和工程合同要求为出发点，结合项目工程实际情况，提出项目工程的方针、各项控制目标和要素管理等实施规划，经上级批准后组织实施。对进入现场的生产要素进行优化配置和动态管理。

全面负责项目工程职业健康安全管理体系的建立，并确保其有效运转。积极贯彻"安全第一，预防为主"的安全生产方针，健全项目工程安全责任制，使项目工程施工人员严格执行各级安全规章制度和劳动保护措施，做到安全生产、文明施工，降低事故频率，确保工程项目职业健康安全目标的实现。

全面负责项目工程质量管理体系的建立，并确保其有效运转。认真贯彻执行国家有关质量的方针、政策及上级的指示和要求，作为项目工程质量管理的第一责任者，带头坚持公司"奉献精品、追求卓越、持续创新、开拓发展"的质量方针，确保工程质量目标的实现。

全面负责项目工程环境管理体系的建立，并确保其有效运转。认真贯彻执行国家有关环境保护的方针、政策及公司环境管理体系程序。进行现场文明施工管理，发现和处理突发事件，确保工程环境目标的实现。

在授权的范围内负责与公司各管理部室、施工队、各协作单位、发包人和监理工程师等进行协调，解决项目中出现的问题。参与工程竣工验收，准备结算资料和成本分析总结，接受工程审计。负责对施工人员进行安全、质量、技术交底。

深入施工生产现场，组织平衡项目施工力量和工程进度，抓好项目工器具管理工作；监督检查项目各单位和人员贯彻执行各项安全生产的规章制度及公司程序文件，负责定期组织安全大检查及组织工程三级验收工作。

2.质检员

质检员的职责主要有以下几点：认真贯彻执行安全工作规程、安全施工管理规定、验收规范等安全、质量依据，按上级有关的指示和要求，在项目经理的领导下，做好本工地的安全、质量管理工作；负责监督检查施工安全、工程质量、文明施工情况，对查出的事故隐患，应立即督促整改；有权制止违章作业和违章指挥，有权对违章进行经济处罚；参加技术交底，检查各种安全质量活动的开展情况；参与审查施工安全技术措施和质量保证措施，并监督执行；按"四不放过"原则，参加轻伤事故、记录事故中严重未遂事故的调查处理工作；协助项目经理组织召开安全质量例会，协作项目经理做好安全工作的布置、检查、总结；参加安全大检查，对安全隐患按"三定"原则监督整改；负责质量记录的收集、整理、归档工作。

3. 安全员

安全员的职责主要有以下几点：认真贯彻执行安全工作规程、安全施工管理规定，按上级有关的安全工作的指示和要求，在项目经理领导下，做好本工地的安全施工管理工作；负责监督检查现场的安全工作、文明施工情况，对查出的事故隐患，应立即督促整改；有权制止违章作业和违章指挥，有权对违章进行经济处罚；参加技术交底，检查各种安全活动，开展安全施工教育；参与审查施工安全技术措施并监督执行；监督公司职业健康安全管理体系的实施，减少员工的疾病和对员工的伤害；按"四不放过"原则，参加轻伤事故、记录事故中严重未遂事故的调查处理工作；组织安全大检查，对安全隐患督促相关部门按"三定"原则整改。

4. 材料员

材料员的职责主要有以下几点：负责按时保质保量地完成项目各项工器具、材料管理任务；负责项目部施工生产用工器具、材料的发放、调度工作，保障全部工器具、材料能够准确、优质、及时到位；负责编制执行项目部工器具、材料供应计划，并对该计划执行结果承担责任；协助项目经理及时办理工器具租赁费用、材料费用的结算；协助项目兼职计量员做好各项目工程所用工器具的计量检定工作。

5. 民事员

民事员的职责范围如下：在项目经理的领导下，认真贯彻执行党和国家的方针、政策、法令和规定；严格执行上级和项目的管理制度；协助项目经理做好地方工作，保障施工的顺利进行；负责项目发生的索赔管理工作，做到不留尾巴、不留后患；做好项目地方协调工作。

6. 施工队长（也称"专业班组长"）

施工队长工作职责如下：以全面完成或超额完成各项任务为出发点，结合本队实际情况，做好各项管理工作；全面负责本队安全施工，积极贯彻"安全第一、质量第一"的生产方针，带领全队职工严格执行各项安全、质量的规章制度，做到安全生产、文明施工；严格执行公司程序文件，做好质量管理工作，强化"三检制"，组织并参加工程的"队级验收"工作。

针对本队实际，采取有力措施，不断提高工程质量，降低工程成本，提高经济效益及施工队的管理水平；合理组织、计划本队承担的工程任务，分配本队职工工作，对本队的安全生产、施工质量、职工工地生活负全面责任；负责本队职工的劳动出勤考核工作；加强本队工器具、材料管理，全力支持工具材料员的工作，严格执行有关规定，确保正常施工；协同地方政府及当地群众，做好工程材料的防盗工作；协调处理与当地政府及群众的关系；协同上级和项目部各职能人员的工作，并贯彻落实。

二、电力工程项目成本管理存在的问题

（一）观念上的误区

企业高层管理人员对于企业成本控制的认识角度和认识程度，会因其所属行业的不同而存在一定的差异。将竞争性行业和垄断性行业加以对比，成本控制在竞争性企业中可以获得更好的效果。然而，无论行业的竞争性如何，绝大多数企业对于成本控制的认识存在显著的差异。企业的成本控制普遍停留在浅义层面，也就是单纯的依据上一年度的成本开支报告，制定一个成本缩减比例，并将其分配到各部门。科学的成本控制首先需要对环境因素进行客观的分析，进而依据上一年度的成本开支报告制定下一年度的成本预算，并且要在预算的执行过程中进行有效的反馈和调整。相当一部分企业认为成本控制只是部分成员的任务。例如，将成本控制交付财务部门执行，尽管财务工作者做出了事后成本核算，然而因其并非是成本控制的核心操作者，并且同其他部门的沟通较为欠缺，致使无法形成有效的反馈。

计划经济时期的作用遗留，导致电力施工项目在50多年的时间当中无须开展招投标。所以，电力施工企业的成本管控意识相对较弱，甚至从未开展过项目成本的估算。然而，自从我国的电力体制执行改革至今，电力行业开始采取招投标方式。因此，电力施工企业一定要开展良好的成本估算，并采取竞争报价。一方面规避报价过高无法承接项目的问题，另一方面规避报价过低没有利润空间的问题。

现阶段，立足于范围视角，电力施工企业固有的成本管控方法大都定位在施工阶段；立足于内容视角，电力施工企业固有的成本管控方法大都定位在施工成本方面；立足于时效视角，电力施工企业固有的成本管控方法大都定位在施工成本分析方面。电力施工企业的管理人员对于生产成本给予了过高的重视，却忘却了对成本的估算，以及对除了生产成本之外的成本加以管控。实际上，电力施工项目的成本管控必须是由全体工作者全程参与的工作，要借助电力施工企业的实践过程得以实现。电力施工企业成本管理的参与者不再局限于单纯的财务工作者，而应当涵盖施工工作者和施工管理者。倘若无法突破原有成本管理的观念局限，那么成本管理工作就无法得以真正的落实。

（二）成本管理具有片面性

有关部门在成本管理中没有形成充分的沟通和交流，造成各部门在电力施工项目的实践过程中仅仅考虑本部门的需求，而忽视了工程项目的整体论证，预算评估没有足够的理论依据。工程成本管理的评价体系缺乏完整性、科学性，并且，诸多单位的成本估算和成本控制缺乏应有的专业性，造成成本估算同实际支出存在明显的差距，属于严重的造价不符。除此之外，相当一部分施工单位的管理方式较为落后，无法将有限的人力、物力、财力的效用发挥到最大限度，造成资源的过度流失，增加了工程项目的成本费用支出。

当下，相当一部分企业将成本控制的重点聚焦于企业内部的生产经营上，认为控制生产成本才是成本控制的重要环节，而并未深入剖析价值链中全部潜在的可能性降低成本环节。因此，企业的成本控制只是徘徊于企业内部，对于供销环节形成的成本支出缺乏足够的认识，忽视了企业的外部成本。就采购环节而言，任何采购均有若干的固定供应商，倘若没有掌握最新的市场信息，就会造成采购成本的上升；就运输环节而言，因原材料和成品的运输会受到环境因素和采购周期等条件的影响，倘若没有充分的前期准备，就会造成运输成本的上升。

（三）成本财务核算体系不完善

因为相当一部分电力施工企业的成本管理意识不够科学——只重视电力施工项目的事后成本控制，而轻视了电力施工项目的事前成本控制，无法切实体现成本管控的核心宗旨。这些电力施工企业并没有构筑完善的财务预算体系，设置的专业化管理部门也未将其应有的功效加以有效地发挥。与此同时，电力施工企业没有设置独立的、权威的财务核算机关部门。立足于预算方法视角，原有的增量预算法默认已经出现的电力施工成本均具有合理性。因此，通常来说，均是将往期出现的实际数据视作依据，并参照每种影响因素的变化趋势，进而合理地调整档期预算。通过此方法进行的成本估算严重降低了成本估算的精确程度。立足于预算落实视角，相当一部分电力施工企业将预算管理的关键定位在预算的制定上，然而没有对预算的落实状况加以有效地定位和追踪。所以，很难将预算落实状况视作工作者和工作机构的评价标准，无法以此为依据给予相应的奖惩，从而降低了企业工作者在成本管控方面的热情。

（四）成本预算管理缺失

相当一部分电力施工企业缺少成本估算，对于成本费用支出的具体额度缺少了解。即使有成本估算，也往往浮于纸面。成本预算管理的欠缺，一方面造成电力施工企业缺乏预算成本，另一方面造成电力施工企业缺少相应的成本支出计划。因此，现实成本费用支出同预期成本费用支出和计划成本支出三者之间的对比分析无法实现。电力施工项目的管理机构成了摆设，导致电力施工成本频频超限。对于问题更加严重的电力施工企业来说，由于电力施工项目管理部与企业的总部具有较长的距离，无法在第一时间将票据上交至企业总部，财务核算明显不及时。电力施工项目的实际成本费用支出额度无从得知，无法实现对电力施工项目成本的有效管控，造成项目成本明显超限。

三、电力工程项目成本管理存在问题的原因

依据对我国电力施工企业成本控制现状的调查和了解，将当前电力施工企业项目成本控制存在问题的原因归结为以下几方面。

（一）管理人员协作能力不强

对电力施工过程进行的成本控制，是一个全局性的、系统性的控制过程，无法仅凭单方面的管理实现对电力施工过程的成本控制，而是需要包括财务人员、施工单位的工作人

员，以及相关管理人员共同完成的一项成本控制活动。当前，我国的电力施工工程管理人员由于认识的偏差，在管理过程中将关注的重点几乎全部放在对工程质量、安全的控制方面，对成本控制却关注无几，往往将全部的成本控制工作都抛给财务人员，但是，经过对现实案例的调查发现，这种各自为政的管理方法是低效的，两者之间缺乏应有的协作效用。

（二）未将质量、工期、成本三者合理地统一、协调

当前，在电力施工工程的实践过程中，通常将工作重心放在对工程质量、工期进度的控制方面，而对施工成本的控制却没有给予足够的关注和管理，对于质量、工期、成本三方面的主要目标没有做到合理的统一和协调，往往导致在保证工程质量和工期的现实背后，造成工程成本的大幅度增加，极大削减了经济效益。

（三）资源浪费现象严重，工程成本损失现象明显

在电力施工工程的实践过程中，常常由于各种原因导致电力施工工程的资源出现大量的浪费，而这些资源并没有真正地被用在电力施工工程的建设方面，从而导致工程成本的损失严重，对经济效益的最大化产生了非常严重的影响。

（四）未形成匹配的成本控制激励机制

企业的价值创造需要依靠员工的力量，企业的成本控制同样离不开员工的努力。企业的成本控制一定要包含人力资源的成本控制，然而人力资源成本的控制并非是盲目的求低。例如，有些企业为了盲目地追求超低的成本支出，将职工意外伤害险成本一并削减，但是在出现意外事故时，却给企业造成了巨额的赔付成本。所以，人力资源的成本控制需要综合考量企业利益与员工绩效等问题，如此方能激励员工自发地开展自我成本控制。但是，相当一部分企业的考评机制得不到有效的执行，而且建立的考评机制大都是出于对员工的处罚目的而建立，无法为员工提供动力，造成员工消极情绪升温，从而适得其反。

（五）成本控制的日常管理力度欠缺

企业成本控制的日常管理可以概括为两个层面：①原材料的使用。②库存的管理。相当一部分企业的原材料出库没有严格的信息记录，库存管理混乱，造成原材料的无谓浪费。就生产企业和建造企业而言，原材料的采购成本支出会占用企业的大部分流动资金，然而，并未对原材料的采购和库存管理施以最佳的成本管理，细小的疏忽都会造成不可估量的成本损失。此外，倘若产成品无法及时售出，或者产品生产无法适应市场的变化，都会使得产品出现大量积压，形成巨大的存货成本，造成企业流动资金链的中断。

四、完善电力工程项目成本管理的路径

（一）完善企业内部机制建设

构筑完善的、科学的、系统化的企业内部机制，对于电力施工企业的成本管理和成本

控制具有十分显著的作用。现阶段，电力施工企业的发展受到市场严峻地考验，强化电力施工企业的内部机制，并对内部机制的执行加以严格地监督，才能保障电力施工企业的长久生存和稳定发展，同时对电力施工企业所遇到的各种风险予以正面的回应。

形成日常监管力度匮乏的原因大致有三个：（1）对成本控制没有形成正确的认识；（2）没有与成本控制匹配的管理体系的支撑；（3）针对成本控制的执行缺乏有力的监督。因此，建立健全成本控制信息系统，能够使企业在保障成本核算有效落实的情况下，对生产、销售和库存的成本控制信息做出实时追踪。利用对价值链信息的处理，达到信息共享的效果，从而在某种程度上规避企业内部信息不对称的缺陷。例如，就库存系统而言，针对原材料的出库做好严格的信息记录，达到库存信息的实时更新，从而达到在保障生产进度的前提下，强化对原材料成本控制的目的。总体而言，企业借助成本信息控制系统的力量，能够对成本控制信息加以有效管理，提高管理水平，避免无谓的成本支出。

（二）工程项目成本计划控制

工程项目成本计划控制主要包括三个方面：①制定科学合理的项目实施方案。制定施工方案时要兼顾质量、工期、成本三方面的综合效益，并且，要制定出符合总体目标的多个方案，在进行两两对比之后，选出在满足质量、工期要求前提下的成本最低的施工方案。②与分包合同和材料合同的负责人共同商定具体施工内容。对于通过公开招投标形式中标的分包商，应与工程项目的相关管理人员共同商定工程施工的最优方案，实现以最少的成本支出完成最优的建设成果。③对建筑施工成本做好预算明细。在工程施工前，应对施工过程中的具体活动情况做出合理的分析和预测，并对每一阶段、每一环节可能发生的成本支出进行具体的明确，从而保证在实际的建筑施工过程中，有明确的成本支出预算作为参考，既可以实现参照性作用，又可以实现对成本支出的约束性作用，从而有效避免浪费。

电力施工企业在进行成本管控时，应细化分解成本管控目标，建立成本管控体系。电力施工企业的成本管控应涵盖企业从设计到使用的所有相关环节，建立一套科学合理的成本控制体系，做到能体现出成本发生的实时动态变化，对成本偏差问题做到快速处理。成本管控体系的建立应结合层次分析法，对影响电力施工企业总成本的因素细化，并进行问卷调查，确定每一影响因素的权重，最后依据成本管控体系衡量企业成本情况，进而进行成本控制。

（三）工程项目实施阶段成本控制

1.针对人工成本采取的控制措施

当电力施工部门拿到项目设计方案后，应派有关单位和施工工作者前往操作场地进行勘察，继而完成技术、质量和安全的交底。与此同时，要对电力施工项目的施工工作者开展实践前必要的教育，包括操作规范、安全教育和现场细节等内容。教育环节应保障至少40课时的时长。除此之外，以电力施工项目的具体条件为基础开展对施工工作者的针对性的实践培训，包括安全技术、文明施工等内容。实践培训应保障至少一次，且在考核达标后才能进场操作。就特殊工种的施工工作者来说，一定要开展专业化的培训。当考核达标并由主管机构授予资格证书后，才能进场操作。

电力施工项目的管理部门应当依照整体进度的情况确定详细的项目操作方案，确定电力施工项目操作团队及操作工序。与此同时，以电力施工项目的具体进度为引导，调整各工种施工工作者的具体工序。内部施工工作者的薪酬选择月度基础薪金加工时工资的方式发放，并确定相应的工时制度。在每个月的月终阶段，由电力施工项目的管理部门将每位施工工作者的累计工时汇总，并乘以工时工资系数，将此结果同基础工资相加即为施工工作者的具体薪酬。

2. 针对材料成本采取的控制措施

（1）当项目方案敲定之后，由设计部门把设计文件交送生产技术机构，由其完成对施工部门、物资供应部门及建设单位的协调工作，并由相关部门开展招标工作并完成机械设备的购置，签署商务合同和技术协议。

（2）材料入库时由仓库保管员根据发票填写收料单，收料单一式三联：材料、财务、送货各一联。

（3）施工人员领料时填写领料单，各专业班组长对照材料需用计划审批。

（4）施工过程的材料富余，及时办理材料退库手续，避免材料浪费。

（5）根据工程进度合理安排材料进场时间，减少材料搬运费和场地租赁费；对分包工程的材料由分包单位负责搬运。

（6）大宗的装置性材料，不入公司仓库，直接运往本工程施工现场。材料在各施工队材料站内交货，由项目部材料员对口负责检验、签收、装卸、运输等；地方性材料出项目经理部采购、加工、检验、运输。由项目材料员根据材料供应进度计划，派专人配合进行催交、检验、签证、运输等工作，在材料站按有关标准对到货进行检验，详细核查收货数量、质量，双方在材料交接证明书上当场签字，缺件或不合格的材料登记造册。沙、石、水泥等材料根据基础施工进度分期分批采购供应，并不定期的进行抽样检验。

（7）材料站的管理：材料站由专人负责管理，并制定进货、检验、保管、分供等管理办法，按规定建立账卡并做到卡物相符。特别要做好材料站的防洪、防火、防盗、防潮、防锈蚀工作。在材料储存、施工过程各阶段设置产品标识和记录，以避免不同物资的混用和满足可追溯的要求。对不合格品应及时标识、隔离和处置，严禁在工程中使用。

3. 针对机械成本采取的控制措施

对机械成本的控制应当从自购和租赁两方面分别进行。对自购机械设备和施工器具等来说，应当由施工工作者担任相应的运维保养任务。坚决执行机械设备的使用要求和保养制度，每个岗位都应配备专门的工作者。以保证电力施工项目进度为基础，减少机械设备和工器具的耗损。在电力施工项目机械设备和工器具进入操作场地之前，应当由相应的施工工作者对其开展详细的检测和维护，坚决抵制有问题的施工机械设备和工器具进入操作场地。对租赁机械设备和施工器具等来说，必须将机械设备和工器具进入操作场地的顺序加以合理规划，并且依照租赁合同的要求，就操作场地的机械设备和工器具的使用量加以严格把控。

4. 针对现场经费采取的控制措施

首先，电力施工项目的管理人员挑选优秀的施工工作者组成施工团队，提高施工效率。在确保电力施工项目质量过关的基础上，尽可能地减少电力施工项目的周期。其次，对于差旅费和招待费等难于管控的项目，应采取包干的方式。最后，由电力施工项目经理决定资金的使用，规避越级操作，执行项目单位"一人为大"的模式。

（四）电力施工企业工程项目竣工决算阶段成本管理

所谓工程项目竣工结算，也就是说电力施工企业根据施工合同当中要求的条款全数实现并将施工项目交付业主使用后，通过发包商进行项目款的竣工结算所需要的文件。竣工结算应当以下述文件为基础进行：（1）施工承包合同补充协议，开、竣工报告书；（2）项目设计方案和项目竣工图；（3）设计变更通知书；（4）现场签证记录；（5）双方提供工程材料的文件及相关要求；（6）选择的工程定额、专用定额、同进度相匹配的工程材料价格和施工项目预结算手续等。

当电力施工部门将合同当中要求的条款全数实现且验收达标之后，需要组建专业化的团队依照上述流程开展详细的结算报告，并且在第一时间上交至建设部。与此同时，电力施工部门还要依照合同当中要求的条款进行相应的索赔准备。索赔属于竣工结算范畴，电力施工部门应当对索赔的依据和索赔的途径给予足够的关注。在电力施工项目的实践中，假如突发合同条款所列范畴以外的因素条件，造成电力施工项目出现安全乃至进展的滞后等问题，电力施工部门需要在第一时间搜集相应的数据信息，并进行深入地剖析，制定索赔方案，弥补项目损失。对于市场化的项目经营来说，索赔是相当普遍的问题。索赔工作以项目合同、相关法律及项目签证等内容为基础，是当前施工项目无法规避的一个问题。所以，强化管理力度及合同理念，提升索赔工作的质量，能够使企业的经济效益得到很大程度的提升。

当工程竣工交付后，需要把施工项目的全部物资财产处理干净，进而为内部成本核算提供必要的数据支撑。以内部分包施工结算为例，应当按照施工合同、项目方案、初始预算文件及施工项目实践当中产生的其他成本，加以详细地核算，并且对每个单项工程的造价进行再一次的核算。当竣工结算完毕无误后，需要依照合同的要求，尽快追讨工程款项，强化资金的流转速度和管理力度，从而最大限度地降低资金的占用。当电力施工项目竣工交付后，电力施工部门需要开展详细的反思和成本分析，对施工项目当中节省的和超限的项目加以剖析并追踪其具体产生原因。总结施工心得，从而为后续施工项目的有效成本控制提供应有的经验先导。

在工程项目的全寿命周期都存在项目成本管理活动，其中，电力施工部门在项目实践环节的成本管理行为相当关键。所以，电力施工部门在保障完成合同规定条款和竣工结算的前提下，需要以现场管理为基础，加大过程控制力度。探索施工项目在成本、工期和质量三项内容中的最优平衡点，强化项目索赔理念，逐步找寻减少工程成本费用支出的方法，并总结经验，吸取教训，从而使电力施工项目实践环节的成本管理质量得以强化，使企业的经济效益和社会效益得到双重提升。

（五）加强电力施工企业工程项目成本的风险管理

在电力施工项目的全寿命周期当中都存在风险，风险一经出现就会造成一定的损失。所以，电力施工项目的工作者和管理者都应当具备风险意识，严格开展风险管理。

1. 风险识别

从宏观的政治因素、经济因素到微观的质量因素、安全因素、工期因素，乃至技术因素、材料因素等诸多内容，都会产生风险，应当利用风险识别过程，构筑电力施工企业的风险列表。

2. 风险评价

良好的风险评价能够估算风险的严重程度，依照风险的严重程度排序确定倾向程度的差异，从而精确地识别风险，并提出相应的风险应对措施。

3. 风险应对

依照风险的具体条件选择差异化的风险应对措施，风险规避、风险自留、风险转移及损失控制。所谓风险规避，也就是说通过某种途径干扰风险因素，实现风险的不发生乃至中断效果，从而防止不必要的损失出现。选择风险规避应对措施时，需要付出一定的代价。例如，某电力施工项目在中标后显现出相当多的漏算项目，倘若以中标价格进行实践就会损失巨大。所以，选择风险规避应对措施——拒签合同。尽管如此会有一定的经济赔偿，然而，相对于完成电力施工项目的实践过程所导致的经济损失，却减少了不少损失。值得一提的是：当选择风险规避应对措施时，同样放弃了通过风险赚取收益的机会。例如，倘若出于规避某电力施工项目的风险的考虑选择不参加投标，那么同样放弃了在中标之后获取收益的机会。所谓风险自留，也就是说立足企业财务管理层面，对风险加以应对。通常来说，选择以风险自留的方式应对风险的，大都属于风险量不大的问题。所谓风险转移，也就是说通过非保险风险转移和风险保险转移进行风险应对。例如，假如承包商把具有高专业性的单项工程交付某专业化机构进行就是非保险转移；假如承包商转而选择向保险公司投标就是保险转移。所谓损失控制，也就是说通过避免损失发生和减小损失值的方式对风险加以应对。在现实中，上述风险应对措施是能够被组合应用以强化应对效果的。

第五章
电力工程进度管理

  项目进度管理作为项目管理中的一部分，对于整个项目进度计划的控制与调整起着十分重要的作用，尤其是在项目进度计划的控制方面，其包含了项目中进度计划的编制、项目活动的持续时间科学估算、项目活动合理排序、项目活动的进度控制，以及项目活动自身定义等方面。另外，电力行业也正随着社会发展在不断地进步，而在这个信息化的时代，人们已经离不开网络、通信、电信等资源，而这些方面都是建立在电力工程基础上的，电力工程最终成果的好坏将会直接影响人们的实际用电质量。因此，对电力工程的项目进度管理进行深入分析与探究，可以为电力工程项目的进度计划管理与工期、人员、物资安排提供更好的建议，对于关键路径与总期望工期有更好的把握。

第一节 工程项目进度管理概述

一、项目进度管理的概念

项目进度管理（The Project Schedule Management），也称"项目时间管理"或"项目工期管理"，是指在项目实施过程中，对项目各阶段的进展程度和最终完成的期限所进行的管理。其目的是保证项目能在满足其时间约束条件的前提下实现其总体目标。

项目进度管理是指在预定的时间之内，编制出经济合理、切实可行的进度计划，并采用恰当的控制方法对项目进度进行定期跟踪，将工程项目的实际进度与计划进度进行比较，检验实际进度与计划进度的相符程度，若出现偏差较大，须找出产生偏差的原因，分析与评估产生偏差的各种影响因素及影响工程项目目标的程度，并组织、指导、协调、监督相关单位及时采取必要的补救措施，调整、修改工程进度计划。这种计划与控制的管理在工程项目进度管理的执行中不断循环往复，寻找动态的平衡，直到如期完成合同约定的工期目标，或在保证工程质量、不增加工程造价的前提下提前完成工期目标。

在当前竞争激烈的市场经济条件下，时间就是金钱，效率就是生命。项目投资者与相关单位最关心的问题莫过于一个工程项目能否在预定的工期内竣工交付使用，这也是项目管理工作的重要内容。以建设电厂为例，一个 120 万千瓦的发电厂，每提前一天发电，就可生产 3000 万度电，创造利润数十万元。因此，按期建成投产是早日收回投资、提高经济效益的关键。当然，控制项目的进度并不意味着一味追求进度，还要满足质量、安全和经济的需要。

二、项目进度管理的内容

项目进度管理的内容可分为两部分，分别是项目进度计划编制与项目进度控制。

（一）项目进度计划制订

凡事预则立，不预则废。一个项目在执行之前，最首要的任务就是制订一个切实可行、科学合理的进度计划，这样才能做到有条不紊、按部就班地实现既定目标。

对于同一个项目我们往往要编制各种各样的项目进度计划，从而满足项目进度管理和各个实施阶段项目进度控制的需要。例如，建设项目中要分别编制工程项目的前期工作计划、工程项目建设总进度计划、工程项目年度计划、工程设计进度计划、工程施工进度计划、工程监理进度计划等。这些进度计划的具体内容可能不同，但其制订步骤大致相似。

1. 信息资料收集

在编制项目进度计划之前，为确保项目进度计划的科学性和合理性，就必须要收集真实、可信、广泛的信息资料，作为编制进度计划的依据。我们所需收集的信息资料包括项目背景、项目实施条件、项目实施单位、人员数量和技术水平、项目实施各个阶段的定额规定等。

2. 项目结构分解

在项目进度计划的编制阶段，要根据项目进度计划的种类、项目完成阶段的分工、项目进度控制精度的要求及完成项目单位的组织形式等情况，将整个项目分解成一系列相互关联的工作。

3. 项目活动时间估算

在对项目结构进行分解之后，要对项目活动的时间进行估算，即在项目分解完成后，根据每个基本活动工作量的大小、投入资源的多少及完成该基本活动的条件限制等因素，估算出完成每个基本活动所需的时间。通过项目活动时间的估算，可以大致预测项目工作的持续时间，从而进行项目进度计划的编制。

4. 项目进度计划编制

在收集信息资料分解项目结构、估算项目活动时间的基础上可以编制项目进度计划，即根据项目各项工作完成的先后顺序要求和组织方式等条件，通过分析计算，将项目完成的时间、各项工作的先后顺序、期限等要素用图表的形式表示出来，这些图表即为项目进度计划。

（二）项目进度计划控制

项目进度计划控制，是指项目进度计划制订以后，在项目实施过程中，对实施进展情况进行检查、对比、分析、调整，以确保项目进度计划总目标得以实现的活动。

项目进度管理是指在预定的时间之内，编制出经济合理、切实可行的进度计划，并采用恰当的控制方法对项目进度进行定期跟踪，将工程项目的实际进度与计划进度进行比较，检验实际进度与计划进度的相符程度，若出现偏差较大，须找出产生偏差的原因，分析与评估产生偏差的各种影响因素及影响工程项目目标的程度，并组织、指导、协调、监督相关单位及时采取必要的补救措施，调整、修改工程进度计划。这种计划与控制的管理在工程项目进度管理的执行中不断循环往复，寻找动态的平衡，直到如期完成合同约定的工期目标，或在保证工程质量、不增加工程造价的前提下提前完成工期目标。

所以，我们必须有计划地定期对项目进度的变化进行监控，掌握实时信息，一旦发现异常，必须及时制定对策并采取有效措施，对原来的进度计划进行调整。同时，我们也应该注意到，项目进度管理要遵循动态、循环的管理思想。我们不能为制订一个科学合理的进度计划而忽略了进度控制的重要性，也就是没有一劳永逸的方法，也没有一成不变的方法来应对项目进度过程的变化，只能对项目进度过程实施动态、循环的控制。一方面，在编制进度计划时，要对确定进度计划编制的条件具有一定的预见性和前瞻性，使制订出的进度计划尽量符合变化后的实施条件；另一方面，在项目实施过程中，要依据变化后的情况，在不影响进度计划总目标的前提下，对进度计划及时进行修正、调整，而不能完全拘泥于原进度计划，否则，会适得其反，使实际进度计划总目标难以实现。

第二节　电力工程工期影响因素

一、电力工程项目的特点分析

对于整个电力工程的相关建设而言，往往要以工程项目顺利完工为目的，将项目的全部任务分为许多细化的阶段性活动，这样才能对整个项目进行控制与把握，而这些工程阶段性的活动均要以其中的某一个或多个结果完全交付而成为最终标志。电力工程项目中建设周期包含四个不同阶段：电力工程项目的准备阶段；电力工程项目各个任务的可行性研究与实际方案设计阶段；电力工程项目的施工操作阶段；电力工程项目的完工交付检验阶段。

电力工程设计贯穿于整个项目的可行性研究和方案的设计活动阶段，它也是整个电力项目里最为基础和关键的前期阶段，其中设计的内容涵盖了根据现场查勘过程所收集到的有效资料与原始数据，同时要结合该电力工程项目的任务要求和地理因素，采取合理技术展开项目综合性论证，这个过程还要考虑国家及地区的法律条文、行业法规与相关标准等要求，总之就是采取优良的技术把工程发包人的全部要求都详细、明确地转变成工程项目的设计图纸与具体建设方案等。所以说在工程的准备阶段，电力工程设计可以最大限度地提供全面服务，而要开展好这些设计服务，还需要对电力工程项目的特点做进一步研究，其特点如下。

（一）科学性

电力工程的设计查勘阶段是具有科学性、高效性、公正性的。由于设计查勘的过程涉及多方面的资料数据和跨行业的专业知识，同时又要把诸多资料数据与各个方面的专业知进行有效融合，这也是进行科学化设计的根本基础。

（二）公正性

在电力工程科学设计的实现过程中，经验等方面的积累也是不可或缺的，因为信誉、能力、经验、知识都是项目设计查勘过程中科学性和合理性的重要保障，当然，设计查勘阶段还具备很强的公正性，即在对整体利益和大局合理维护的情况下，需要从宏观意识出发，不断地坚持项目可持续发展等方面的原则。

（三）约束性

由于电力工程项目受到的各方面约束性因素影响较大，因此设计查勘阶段的工作任务就需要对各个方面的风险隐患与约束条件进行深入分析研究，其研究的广度与深度将会直接决定最终工程质量，只需这两者能够符合相关标准即合格，尽管会出现项目不可行的情况，但这也可看作设计任务已经完成。由于电力工程设计过程并非是以体力为重点的工作，而是以智力、思想等为核心的工作任务，所以说其设计的质量成果好坏就会受到经验、知识、创新、信息等诸多方面的影响。

（四）时效性

时效性对于电力工程项目而言是十分重要的，因为时间方面的内容不仅是构成项目设计质量相关要求的核心部分，而且是广大业主需求达到满意的重要标志。

（五）独立性

电力建设工程项目自身的唯一性，使其在相关因素、功能、地点和时间上面必定不会完全的相同，不会具有重复性，仅仅是类似性而已。从根本上来讲，电力工程项目即是为了完成发包人不同要求所进行的有关于设计业务的项目，所以该设计项目即是具备了独立性的项目，毕竟工程建设的完成也标志着项目的结束。

二、电力工程项目进度管理制约因素

电力工程设计项目的最终产品及成果也就是全面构思出来的设计方案、对项目文件进行设计的整个过程还有完成最终的合理设计图纸，那么在这个过程当中，最初就是要进行实地的现场查勘，以便能够对初始资料与有效数据进行收集，在借助当前信息化网络资源的基础上，依据电力工程项目的各个特性采取综合性分析研究，这样才能融入各方面的专业知识与技术水平来设计项目的方案，并且保证及时地完成项目全部设计工作。电力工程项目的时间管理作为项目设计中进行科学组织的核心，可以有效且全面地制定出电力工程项目所需要的进度计划，并且对项目设计过程涉及的诸多资源进行有效配置，最大限度地给项目设计实施营造良好的氛围，使其可以对项目的整个过程采取科学有效地监督与控制。项目在时间管理过程中最重要的就是科学有效地管理具体设计进度，并兼顾电力工程项目中整体效益与效率。

就电力工程的现实发展情况来看，科学有效的项目进度管理并没有得到广泛推行，由于在管理理论上的误区，甚至还会出现将项目设计阶段和项目进度管理阶段互相混淆的现象，这是源于部分项目管理人员只是单纯地关注电力工程项目的实施成果，却忽视了设计项目的进度方面管理，这就严重制约了项目时间管理对于创造效益与提高效率方面发挥强大的功效，造成了电力工程项目的时间管理只流于形式。当然，强调项目的设计过程决不等同于项目的时间管理，更不应该只关注项目的设计过程，不去考虑项目的时间管理阶段，要对项目的总体性策划、质量控制、费用控制、进度管理和设计计划任务具体安排等诸多方面综合进行考虑，这样才能减少电力工程项目设计过程中的反复现象，以免其延误了项目的既定设计周期。目前电力工程的项目时间管理制约因素主要是包括进度计划安排不当、进度检测和调整不及时、进度管理缺乏专业化、进度总结缺乏针对性这四个方面。

（一）进度计划安排不当

电力工程项目的进度计划安排不当主要是针对项目上的总体进行计划而言的，尽管整个电力工程项目是依据项目管理的各种要求对总体设计的进度计划进行合理编制，并且在各个小组中也对小组相应的设计进度计划进行了有效编制，不过全部的这部分进度计划往往过于简单与不全面，使之在进度计划的安排上出现了一定的问题。例如，部分小组中的设计进度计划及组中设计人员自身的设计进度计划均运用口头上的承诺，并没有使之形成一个具体的由书面进行控制与管理的进度计划，同时，项目中又没有制订相应的审批制度与进度管理计划，这就导致了不能对项目的设计进度起到严格督促和控制的作用，最终制约了项目时间管理工作的正常运行。

（二）进度检测和调整的不及时

在电力工程的项目具体实施中，进度检测和调整的不及时也会在很大程度上制约项目时间管理的过程，项目上尽管已经科学编制了小组内的设计进度计划及项目上的总体设计进度计划，然而对其进度检测和调整过程并不及时，具体而言也就是对于项目设计进度计划相关的监督管理与控制，还有最终的落实情况均没有专业人员进行负责，细化到各个小组中，其设计的进度大部分也都是各个设计人员依据自身的能力进行控制。由于没有人控制、检查、跟踪相关设计人员各自不同的设计进度发展，同时也不会主动及时反馈项目进度实际的执行情况，使进度检测和调整工作都滞后，这样就无法保证各项工序和任务依照进度计划开展实施，拖延了项目上实际的进度。另外，对于设计工作的人员安排而言，由于个人的能力和所处的环境都不相同，因此其工作效率的波动性也比较大，使其工作中的潜能无法充分发挥，那么工作中也就无法一直维持较高的效率，这都会对整个电力工程项目的设计进度计划产生影响，制约了项目时间管理的相关工作。

（三）进度管理缺乏专业化

电力工程项目进度计划的非专业化管理也会严重制约项目时间管理的正常运行。一方面，在确立项目进度基线方面缺乏专业化管理，由于项目中进度的基线贯穿于整个项目进度的控制过程，所以当进度基线不能正确建立的时候，就会使得计划进度和实际进度这两者间没有衡量及比较的根本基准，使得进度计划和实际进度不相符合的时候，电力工程项目就得不到充分重视，直到项目临近结束的时候才会发现诸如时间期限缺少等问题，直接影响整个项目的工期安排。另一方面，进度计划管理的主导终究还是人。因此这个过程中必须要考虑到进度计划相关考核制度的制定及附属的奖惩措施等，所以在电力工程项目中务必要制定并完善公正、公开、公平的有关设计进度方面的考核制度。同时，结合实际情况的发展，需要对项目相关设计人员的各自需求层次进行逐一分析，这样才可以确定出符合实际情况的奖惩和激励方法，尤其是针对具有突出贡献与作为的员工，就更需要给予精神及物质的奖励，最大限度地激励全体员工自身的工作热情，使之提高工作效率，这样才能从根本上促进项目时间管理工作的开展。

（四）进度总结缺乏针对性

在电力工程项目中进度计划可分为总进度计划、小组进度计划及个人进度计划，并且这些计划都是具有时间性和阶段性的，因此在各个阶段具体计划实施以后，对其进行一个针对性、系统性、客观性的总结就变得尤为重要了，这不但能够总结前一阶段设计工作中的经验与教训，还可以对后一阶段设计工作的开展起到指导与警示的作用。就实际情况而言，各个小组中的设计人员理应是不同分部设计人员组合而成的，且工作业务的管理是该项目的负责人统一负责管理的，对于工作业绩与人事安排方面的考核及管理仍是此前所属分部的负责人进行管理的。所以说在人员调配和工作安排等相关方面不同的分部则会优先考虑自身利益，更加注意收效明显且效益较好的一些大型电力工程项目中包含的查勘设计计划，这就使得项目中各个小组的相关设计人员无法全心全意地投入各自工作，无法对各个阶段的工作任务进行有效的、针对性的总结，不能发现问题也不能优化后续的工作任务，制约了项目组任务的设计进度发展，影响了项目时间管理。

第三节　电力工程项目计划

一、电力工程项目进度计划编制

在电力工程项目中，其电力查勘的设计工作主要是在有一定计划性和目的性的前提下，人们开展各种实践活动及其行为能力的表现，同时将各种不同的科学技术成果应用于实际的生产实践过程当中，以使其能够转变成更新、更强的生产力来服务于工作。电力工程设计项目进度计划编制的过程主要分为对电力工程项目的范围界定、在查勘阶段进行时间管理工作、在设计阶段进行时间管理工作、设计文件的审核与出版，以及设计文件的发送管理五个部分。

（一）对电力工程项目的范围界定

电力工程项目通过工作现场的各类原始资料与数据信息的收集、计算、分析，以及对相关设计方案的综合选择，最合理、最科学的对电力工程项目的相关技术参数指标与具体设计方案进行评审与确定，以此为基础编制出可行性强、内容完整、有针对性的工程图纸与设计文件等一系列工作。电力查勘的设计项目相关工作主要分为四个部分：其一，电力查勘的设计项目要对其项目实地现场组合，并开展现场查勘，以查找并收集完整的数据信息和原始资料，然后再对这些收集到的资料及数据进行分类整理等；其二，依照此前收集到的相关资料与数据，进行科学合理地分析与计算，同时要结合电力工程项目的现实情况与具体发展编制项目设计方案，然后再对诸多方案评审比较，最终选定出最合理的电力工程项目设计方案；其三，严格按照已经通过审核并确定的项目设计方案中的相关内容，合理组织与规划项目的撰写说明、编制预算、绘制图纸等相关的具体设计工作；其四，组织审核最终的电力项目设计文件，通过审核后，就可以将该设计文件进行出版发送了。

（二）在查勘阶段进行管理工作

在电力工程项目的查勘阶段，主要包括编制项目查勘具体进度计划、安排电力查勘路线、了解电力项目查勘内容，以及完善查勘工具的配备与资料的整理等工作，而该过程中的时间管理就是对以上这些工作内容及其相关活动进行有效控制与严格监督。一方面是借助项目查勘计划相关编制过程来确定具体查勘任务活动的相应完成时间；另一方面，有效开展对电力工程查勘进度计划的管理与控制，以确保项目查勘相关的工作能够在预计的时间内完成。

1. 项目查勘准备工作与计划任务编制

（1）项目查勘相关准备工作

在电力工程项目的查勘阶段，其查勘准备工作主要包含详细阅读并深刻研究项目业主所签订的电力工程的合同条款要求，以及相关的设计中委托书的内容，以此对该电力项目的专业技术要求、完成时间要求、设备运行情况和具体规模容量有一个定性与定量的了解和把握，另外，还需要查阅电力工程项目有关的数据库和设计基础资料等，以收集与明确和本电力工程项目相关的，并且是最新、最权威的图纸和资料数据等，当然，还需要对查勘工具的完备性、高效性和全面性进行检查。这样，才能完完整整地做好电力工程项目查勘阶段的有关准备工作。

（2）编制项目的查勘计划任务

在电力工程项目的查勘阶段，编制项目的查勘计划任务也是前期比较重要的一项任务。它首先要由该设计项目的总负责人在工程查勘的现场对相关设计人员进行技术交底与指导，同时要对现场查勘过程中的难点、重点和要点进行全面介绍，以此编制出现场的查勘表。其次，从线路路径构建的规则结构出发，按照查勘现场监控点的具体地理分布制定出合理的项目查勘路线计划任务。再次，按照这个项目查勘的工作总量的分布情况来参考过去相同类型的日平均查勘的工作量，以此制订出所需的查勘进度计划。最后，就是要以制订好的查勘进度计划为准，对现场查勘相关工作任务进行有效控制和实时跟踪，这样才能保证项目现场在查勘阶段有效的时间管理。

2. 收集并整理查勘时的数据资料

对于电力工程项目中查勘设计阶段工作而言，查勘所需要的原始资料和信息数据收集的准确性和完整性十分重要，这会直接影响后续工作质量，而为了保证该设计工作能够按照计划顺利开展，查勘工作的原始资料和信息数据就必须准确和完整。另外，对查勘的资料和数据进行收集整理时，项目设计人员就必须依据现场的查勘表有针对性地逐一进行测量及记录，这个过程就需要现场查勘相关工作人员万分细致仔细，力求减少遗漏，避免不必要的失误出现。

查勘工作在实际操作的过程中，项目相关设计人员所进行的资料数据收集与整理工作用到的速记方法与记录方式应该是自身比较喜欢与熟悉的，那么这就需要这些设计人员在当日的项目查勘活动全部结束之后，依按规范准则运用闲暇与晚上空余时间对相关信息资料做进一步的全面检查与系统整理，这样所收集的查勘资料就可以清晰、完整、明确地记录下来，让其他人员对其加以利用，也可以保证查勘资料有效的存放。而该阶段各个查勘小组的负责人具体要做的则是控制与监督组内设计人员对查勘原始资料和信息数据的收集整理工作，当然还要对这些查勘的资料进行合理确认与检查。

3.对查勘进度计划进行控制

在电力工程项目的具体查勘工作过程中，是由查勘小组的相关负责人来进行统一安排与管理的。首先，这些负责人要根据项目实地现场的查勘时间、查勘内容，以及查勘路线来对此后具体进度计划的相关控制工作进行安排；其次，由于外界因素的不确定性，可能会导致项目不能按照既定的查勘进度计划正常开展，这时负责人就要向该项目的总负责人如实汇报项目查勘工作的具体内容；再次，项目查勘小组中的各个负责人还要依据现场查勘进度计划相关完成情况来制定并采取合理有效的保障性措施，这样才能确保项目查勘进度计划在合理实施的同时可以按时完成。

（三）项目设计阶段进行管理工作

1.项目设计阶段工作内容

电力工程前期在顺利完成现场实地查勘工作，以及相关数据资料的收集整理工作之后，就要着手进行项目设计阶段的相关设计工作，对于全部查勘设计项目而言，这也是最为重要、最为关键的一项工作了。设计阶段的工作也是电力工程项目在时间管理方面的核心，这会直接影响具体的查勘设计项目是否可以按照既定的时间顺利完成。

电力工程设计阶段的工作主要由两个方面组成。其一，对项目相关设计方案进行合理编制，这主要是明确整个工程项目的初步设计构思，同时，通过多个优化设计方案对比审核，并且最终择优录取，这就可以在项目的设计内容与设计结构方面确立一个指导方向。其二，设计阶段，要通过撰写项目设计说明、编制工程项目预算、绘制项目设计图纸来合理设计已经择优选取的设计方案，这样就可以使之形成一套完整的项目设计文件。可以看出，这两个部分的前一项工作可以作为后一项工作强有力的保证，因为只有在科学全面的设计方案基础上才可以实现项目设计工作的成功实施。那么对全部设计项目而言，后一项工作则是其中时间管理的重中之重，尤其是在设计工作环节，其工作量很大，因而就需要更多更长的工作时间，所以有效进行时间管理是对于整个电力工程项目设计进度最关键性的保障。

2.项目设计阶段时间管理内容

依照电力工程项目在设计阶段的相关工作组成，其中的时间管理内容则主要涵盖了编制和择优选取设计方案、编制设计的进度计划、合理有效地控制设计进度及科学运用控制设计进度相关方法等。

（1）编制并选取设计方案

电力工程中对于项目设计方案起初编制和最初选取将会直接影响该项目的设计进度计划的成功与否。由于项目的设计方案没有最终确定，那么相关的设计工作也就不能够正常开展，所以项目的总负责人需要在具体设计方案的起初编制和最终选取的整个过程中都要参与进来，并且要切实做好设计方案编制相关的各项指导工作，同时要组织项目相关人员对相关的设计方案做出检查与评审，以最短的时间和最高的效率来确定出设计内容、设计结构，这样才能依照择优选取的设计内容、结构与方案来对项目中的设计人员展开合理有效的设计指导，进而把全部设计任务进行有效分解并且责任落实到个人。

（2）编制设计的进度计划

电力工程的查勘设计项目由于在设计阶段有巨大的工作量，而编制设计的进度计划主要目的就是对该阶段各个活动的时间进行有效的控制，那么对各个设计项目的时间严格要求也是查勘设计的特点之一，所以这会影响时间管理过程中设计进度计划的重要程度，但是设计人员终究还是该项目设计计划的根本性实施主体，因而在对设计进度计划进行编制时就需要有效地落实，最大限度地保证通过最少资源、最低成本及最短时间使项目的既定目标得以实现。

当然，设计人员最关心的就是进度计划的编制过程，在这个过程中每位成员都需要明确自身的时间要求及工作目标，最重要的是能够在规定的时间内使设计的任务圆满完成。而编制具体设计进度的相关计划则是由项目的总负责人对其小组负责人和相关设计人员统一组织并指导，共同完成，这可以分为三个步骤。第一步，项目的总负责人依照业主的具体时间要求对相应任务进行合理分解，同时针对全部项目编制出与之对应的设计进度的总计划任务。第二步，小组负责人及其设计成员按照已编制的总计划进度来分别商量并编制出适合小组内部的相关设计进度的计划。第三步，依据小组的设计进度计划，小组负责人及其设计成员再有针对性地编制出符合个人实际情况的设计进度计划。不论是哪一个步骤，在具体编制设计进度计划的时候都需要重点注意各方面的协调，以处理好设计人员自身的设计计划、小组内部进度计划与总进度计划之间的相互衔接关系，这样才能保证电力工程整个项目的总进度计划可以分层推进、责任到人、有效落实并执行。

（3）对设计进度有效控制

对于电力工程的查勘设计项目的设计阶段而言，其具体工作是由撰写项目说明书、编制项目预算成本及绘制相关图纸这三项内容组成。虽然它们的工作耗时非常长，但这三项工作的全部完成则可以说明该查勘设计项目的全部完工。基于这一点，对设计进度有效控制就是项目时间管理过程中最为关键的控制内容。由于在进度计划编制的过程中往往会出现一些突发因素，导致项目的设计阶段时常会出现不同程度的偏差，这也就使得对进度计划的设计需要依据过去积累的经验来对即将发生的工作进行相关预测及做出合理的安排。那么这里谈到的对设计进度的有效控制就是通过对设计进度的实时监督来发现其各种程度的偏差，同时运用合理的措施给予处理解决。设计进度的控制依据管理层次的不同可以分成以下三种：

第一，项目设计的总进度控制。该控制是由项目的总负责人对相关项目设计内重点事件的全面进度控制。第二，项目设计的主进度控制。该控制是针对小组内部编制的进度计划而言，也就是该小组对其中的主要设计事件进行有效的进度控制。第三，项目设计的详细进度控制。该控制是针对具体的控制设计进度计划而言，通过小组的设计人员来操作，这也是控制设计进度最根本性的基础。因为只有首先有效控制了项目设计中的详细进度，才可能进一步确保项目主进度能够按既定计划执行，那么最终才可以有效地确保项目设计总进度的落实，才能使整个设计任务能够顺利完成。

（4）控制设计进度科学方法

在电力工程的设计过程中，相关设计人员通常运用自控方式进行设计详细进度的科学控制，他们也会依照每个人所设计的具体进度计划来对其相应设计工作的进度展开有效检查和控制。项目设计主进度的有效控制则主要是由小组负责人来对该组中的设计工作进行及时检查和有效监督。对于项目设计总进度而言，其主要是由项目的总负责人运用分组工作的汇报会、进度分析会、设计例会、定期检查进行科学管理与控制。与此同时，还借助"柱状图"的直观表示来分析设计人员相关进度计划，以及实际完成工作量的比较结果，这就能够让项目中的各个成员对项目的总设计进度与个人的详细进度安排都有一个了解和把握，借助工作计划的对方方法来使小组中的设计人员有一种工作上的压力，并以此转化成科学有效的设计动力，从而充分调动他们的自觉性与积极性，使之设计进度的计划意识得到显著的提升，从而有效地保障全部查勘设计过程中的进度控制。

（四）设计文件的审核与出版

电力工程的设计阶段所有工作在全部完成之后，就要进行设计文件相关的审核及出版等工作。首先，在审核设计文件的过程中，一方面是设计人员对各个设计文件的认真自检，另一方面是不同设计人员对不同设计文件的交叉互检，随后再由设计相关审核人和总负责人对其进行最终审核。然而，这整个过程所涉及的不同审核人员过多，必然会增加设计文件在相应审核环节的停留时间，那么这就需要通过设计流程卡来明确规定各个环节的审核时间，同时加以控制。经由项目总负责人所审核完成的相关设计文件应该由技术负责人进行批准之后再出版，有效地控制设计文件相关的出版工作主要是基于不相同的项目时间规定，通过优先级的顺序来相应装订并出版。另外，在其出版的整个过程中，还需要对设计文件中可能出现的任何疏漏进行全面地检查与核对，以保障相关设计文件在出版时的质量。

（五）设计文件的发送管理

项目设计文件在出版完成之后还要经过一次严格的检查，在检查合格后才能经由出版室向项目综合办公室进行移交，在盖好公章后才能向各个业主发放。当然，在发放的过程还要认真地对业主信息进行核对，以免造成邮寄文件的错误。另外，为了提高查勘设计项目的时效性，则要求相关设计文件不得在综合办公室停留超过半天的时间。

总体来说，在电力工程查勘设计项目中的时间管理过程中，查勘设计的各个环节都要从实际出发，针对其具体工作量给予相应的活动时间，因而其中的设计阶段与查勘阶段的进度控制是最为关键的环节，这两者也是确保整个查勘设计项目中时间管理过程的最主要因素。当然，其余的每个环节在时间上均合理控制与安排，才可以有效保证该项目可以依据既定进度计划来执行，并且让整个项目过程都能够在其预算范围内按照规定时间圆满完成目标。

二、电力工程项目活动的排序

（一）电力工程项目活动的分解和界定

在电力工程中，项目时间管理作为一项专门的管理活动，是为了项目既定目标的实现，以及在规定的计划范围内完成每个工作任务和生成相应的成果而有序开展的。在对电力工程项目中各项活动进行排序时，必须通过相关分解和界定来理清该项目活动的内容与类型，这样便可以使项目逐步分解成相对小的、更加方便管理的单元成果，最大限度地对项目任务计划的控制、执行与编制提供支持，其依据就是"WBS项目分解结构"，作为项目时间管理基础的WBS虽说缺乏固定的、统一的分解形式，但确有着基本性的分解原则。

项目分解结构的界定及过程包括以下几个步骤：

①电力工程项目的现场查勘及有关数据资料的收集；

②对于所收集的数据信息和资料进行系统整理；

③对设计方案的评审和确定；

④通过绘制项目图纸、撰写说明书、编制概预算等工序来完成工程项目的最终设计；

⑤对项目设计文件进行审定与审核；

⑥由综合办公室出版并且发送相关工程设计文件。

电力工程的设计人员借助其项目活动分解过程就能够理清每一个阶段的工序，以及其具体涵盖的内容。

（二）电力工程项目任务排序过程

通过上一节的项目任务分解结构图可以看出，项目设计的整个过程包含了许多的工作内容，而为了使其进度计划准确无误，那么就要对每一项任务的优先级进行确定。进行设计项目中的活动排序主要可以从确认与分析设计项目活动具体清单细则各个活动之间的互相依赖和关联关系入手，对于每个项目任务的优先级做出合理确定和有效安排，而这些活动往往需要之前相关活动的成果。另外，有的活动还能够同时进行，这主要有下列情况：

（1）电力工程项目设计阶段所进行的工作需要前期现场查勘相关工作结束之后才能继续开展，即为FS之间依赖关系；

（2）在项目查勘阶段，需要实施现场查勘及项目有关资料信息的收集，随后便可着手处理这些数据资料的系统整理工作，这两者是并列的关系，因此就为SS之间依赖关系；

（3）在项目设计阶段，只有在编制了合理设计方案的基础上，才可以对其做进一步的评审与优先，即为 FS 之间依赖关系；

（4）在对项目设计方案最终选定以后，此时也能够撰写出设计说明书、编制项目概预算、合理绘制图纸这三个方面的工作，并且都是并列进行的，即为 SS 之间依赖关系；

（5）当设计说明书的撰写、概预算的编制及图纸的绘制这三个方面的工作全部完成之后就能够得出最终的设计文件，推进电力工程项目进入最后的设计文件的审定及审核的工作过程，接下来就是批准出版和随后的向业主发送工作了，所有这些也都是 FS 之间依赖关系。

依照电力工程项目各个任务之间的隶属关系，可以确定各项任务的内在逻辑关系，于是在这个基础上融入实际的资源便可开展综合性分析，明确它们之间优先级的顺序关系，可以借助网络图的方式直观且方便地对其先后顺序做进一步的标识，这对整个项目的组织与执行都具有十分关键的意义。

三、电力工程项目任务工期估算

在电力工程中，对项目的各项任务进行合理的排序之后，便要开展项目的工期估算工作了，即对项目中每一项任务的延续时间或是工作量进行科学估计。项目中各个任务的工期估算是需要按照实际资源状况、项目管理范围判断的，那么这就要求估算出来的工期务必具备有效性、现实性及高质性，因此在对工期进行估算的时候就要综合全面的考虑环境因素、人力因素、资源配置问题、活动任务清单等诸多方面对于整个项目工期的多角度影响。另外，鉴于项目任务风险方面的控制与管理，就必须考虑项目中的风险因素产生的影响。

（一）项目查勘阶段的工期估算

在电力工程的查勘阶段，工期估算工作是十分重要的，它是后续工作顺利进行的基础与前提。通过对查勘设计的项目中过去设计人员自身素质和相关经验数据，来估计项目设计人员执行任务时的工作效率。具体而言，就是以项目各个查勘小组中相关成员平均一天之内可以收集的数据与查勘资料，再加上对这些资料数据进行整理的效率作为其估算的基础，那么就可以得出整个项目收集原始数据资料和现场实地查勘所需要的计划工期，还可以得到整理项目所有资料数据总共所需要的活动工期，再结合相关设计院资金与人力的具体资源进行分配，估算出各个小组查勘与收集各项设计数据资料及其整理这些资料数据所需要的活动工期值。

（二）项目设计阶段的工期估算

设计阶段是电力工程项目中最为关键的环节，它将直接决定着项目结果的成功与否。而设计项目设计阶段的审定、审核与相关设计任务的工期估算同样要依照过去的工作经验，在参考相关保险因素的情况下估算工期的可能值，这个过程中编制概预算、绘制设计图，以及撰写相关设计说明是并列关系，能够同时进行，当它们都结束后便能够生成具体设计文件，再通过审定、审核，最终进行出版与发送等活动。由于后一项活动的开始时间会受前一项活动完成时间影响，所以对于项目中的时间管理而言，就必须严格对这条关键路径上的活动进行控制与管理。

（三）项目中整体工期的估算

在电力工程的项目中，主要设计活动包括编制概预算、绘制设计图及撰写相关设计说明等工序，其中设计图的绘制又是设计活动中的重中之重，它们可以一起开展活动，而依照项目中各项任务的工期估算就可以得到相关的工期估算值，那么进而得出所期望的工期值，其公式为：期望工期值 =[乐观的估计值 +（n–2）最有可能估计值 + 最悲观估计值]/n，这样就可以在项目活动的总工期得到估算值后，按照总项目的工期来制订查勘设计相应的工期计划。

第四节　电力工程项目进度控制

一、项目进度控制的方式

电力工程项目进度控制的方式包括事前控制、过程控制和事后控制。

（一）事前控制

电力工程项目的事前控制是进度控制的首要方式。事前控制是指管理人员根据经验或计算，在项目的策划阶段，通过预测和估计项目实施过程中可能产生的偏差，并及时采取措施进行防范，尽可能消除或减小偏差。例如，在电网建设项目中，为了防止水泥存量不足或材料供应不及时，在施工现场，水泥要有一定的储存；基础材料选场时尽可能多选，以保证货源充足，供应及时；组织足够的车辆进行材料运输等。为了防止房屋拆迁、树木砍伐、不能顺利进行，造成工期受阻，要做好地方宣传工作，依法办事；取得地方政府和相关部门的支持；提前办理树木砍伐许可证和各类赔偿协议；按计划进度及时按标准足额进行赔偿、补偿，取得群众对工程的支持等。

（二）过程控制

电力工程项目的过程控制也在进度控制中占据重要的地位。顾名思义，过程控制就是指在项目实施过程中对项目进行现场监督和指导的控制。例如，在电网建设中，有一系列的管理制度和标准。比如，质量检查和中间验收、对隐蔽工程和关键工序过程的连续监控制度，以及"三检制"对 R（记录点）、H（待检点）、W（见证点）进行实时监控等。

（三）事后控制

电力工程项目的事后控制在进度控制中也是极其关键的，事后控制是指在项目的偏差发生之后或阶段性工作或全部工作结束时对项目进行纠偏的控制。主要是对单位工程、分部工程、分项工程进行消缺、验收的过程。例如，在电网建设中实行有工程质检、转序验收、投运前监检、投产达标验收等控制制度。

二、项目进度控制的过程

（一）动态监测信息

电力项目进度的动态监测是指在电力工程项目进度控制的实施过程中，为了更好地收集反映工程项目进度实际状况的信息而采取的对项目紧张情况进行的分析，以便掌握项目的进展动态，更好地完成项目进度目标。项目进度计划的实施检查可以建立项目实施进度报表制度。有关制度规定，项目实施单位应定期送交项目实施实际进度报表及有关资料。报表的形成与内容可根据项目进度控制的要求设定，通常采用的有以下两种。

1.每日（或周、旬、月）进度报表

该报表应主要反映项目实施单位每日（或周、旬、月）所完成的工作量及资源的配备情况，以供项目进度控制人员用来与计划进度进行比较及对偏差进行分析、调整。至于报表填报周期，可视进度控制要求而定。

2.作业状况表

该报表主要反映项目实施中各项工作进展情况的汇集。它要求填报该日或该周期内所进行的各项工作的名称、编号、各项工作已完成工作量的百分比等，如有可能，还应给出相应的生产效率。

（二）获取偏差信息

电力工程项目进度控制中，获取偏差信息的方式有很多种：

1.将项目各种执行过程的绩效报告、统计等文件与项目合同、计划、技术规范等文件对比，及时发现项目执行结果和预期结果的差异以获取项目偏差信息。

2.派出常驻人员，现场进行检查。对于结构复杂、进度控制要求高的项目，在其实施的相应阶段，应派出有关人员，常驻现场，随时检查项目各项工作的实施情况及后续工作的准备情况，为项目进度控制提供准确、及时的第一手资料。

3.定期召开现场会议。进度控制人员召开项目活动实施负责人现场会，是获取项目进度信息的另一种方式。这种方式除能及时、准确地了解项目实施实际进度情况外，还能从交谈中了解到下一阶段项目活动实施时可能存在的问题。同时，还能对已出现的偏差和可能存在的问题进行商讨，找出解决问题的办法或是明确解决问题时的限制条件，为下一步进度计划的分析和调整做好准备。

通过对里程碑事件的监测，有利于及时发现项目进展的偏差；或者在项目活动中添加"准备报告"这一项，而报告的时间要固定，定期将实际进程与计划进程进行比较。

（三）分析偏差信息

1. 偏差的种类

偏差的种类分为正向偏差和反向偏差。

（1）正向偏差

正向偏差意味着进度超前或实际的费用小于计划费用。一般情况下，正向偏差可以允许对进度进行重新安排，以尽早或在预算约束内完成项目。资源可以从进度超前的项目中重新分配给进度延迟的项目，重新调整项目网络计划中的关键路径。另外，正向偏差也可能是进度拖延造成的。

（2）负向偏差

负向偏差意味着进度延迟或费用超出预算。正如正向偏差不一定是好事一样，负向偏差也不一定是坏事。举例来说，你可能超出预算，是因为在报告周期内比计划完成了更多的工作，只是在这个周期内超出了预算。也许用比最初计划更少的花费完成了工作，但是不可能从偏差报告中看出来，因此成本与进度偏差要结合起来分析才能得出正确的偏差信息。

在大多数情况下，负向偏差只有在与关键路径上的活动有关或非关键路径活动的进度拖延超过了活动总时差时，才会影响项目完成日期。偏差会使得项目中的时差消耗完，更严重的一些偏差会引起关键路径的变动。

2. 电力工程项目建设中形成偏差的原因

电力工程项目建设中的进度偏差产生的原因是多方面的。有来自业主方的（包括业主提供的施工准备不足、未按期提供工程项目所需的技术资料和物质资料等）、来自设计方的（包括设计方频繁变更设计图纸、交底不清或对工程中出现的问题处理不及时、协调配合较差等）、来自施工方的（包括管理混乱、材料和设备供应不足、施工质量事故和安全事故频繁发生、与业主方和设计方配合不力等）、监理方的（包括对进度的不良控制、监理工程师的失职、未按建设合同规定及时处理工程建设中出现的问题拖延工期，以及与业主方、设计方和施工方的配合不良等），还有由于不可抗拒的外部环境因素造成的或上级的指令要求工期提前。

三、项目进度状态的比较与分析

在电力工程项目实施的过程中，有一些工作会按计划时间完成，有些则会比计划时间提早完成，而有些则会延迟完成，这些提早完成或延期完成的项目就会对项目未完成的部分有所影响。特别是已完成工作的实际完成时间，它不仅决定着网络计划中其他未完成工作的最早开始与完成时间，而且决定着总时差。但也并不是所有不按计划完成工作的情况都对项目总工期产生不利影响，有些工作可能会造成工期延迟，有些却可能会有利于工期的提前完成。这就需要项目管理人员对项目实际进展状况进行分析比较，以弄清其对项目可能会产生的影响，以此作为项目进度更新的依据。

在电力工程项目进度状态的分析比较中，一般使用挣值法。

（1）挣值法的概念

挣值（Earned Value），也称"赢得值"或"盈余值分析法"，基本要素是用货币量代替工程量来测量工程的进度，以资金已经转化为工程成果的量来衡量，并用三个基本值来表示项目的实施状态，以此预测项目可能的完成时间和完工后可能的完工费用。

挣值法的本质就是一种分析目标实施与目标期望之间差异的方法，因此又可以称为"偏差分析法"。它是通过测量已完成的工作的预算费用、已完成工作的实际费用和计划工作的预算费用得到有关计划实施的进度和费用偏差，从而达到判断项目预算和进度计划执行情况的目的。其独特之处在于，以项目预算和费用来衡量工程的进度。

（2）挣值法的三个基本值

1）计划工作预算费用（Budgeted Cost of Work Scheduled，BCWS）

BCWS 为某一时间点应当完成的工作所需投入资金或花费成本的累计值。

计算公式为：BCWS= 计划工作量 × 预算定额

BCWS 主要是反映进度计划应当完成的工作量而不是反映应消耗的工时（或费用）。例如，某工程项目安装一台小型设备，预计加工、运输、安装等计划用一个月的时间，加工、运输、安装等的成本预算，批准了 3 万元。这一个月的计划工作预算费用 BCWS 就是 3 万元。

2）完成工作预算费用（Budgeted Cost of Work Performed，BCWP）

BCWP 是指截止到当前日期，项目已完成工作对应的预算成本，按预算定额计算出来的工时（或费用），即挣值（Earned Value）。

计算公式为：BCWP= 已完成工作量 × 预算定额

例如，上例中，第一个月加工、运输设备，完成总计划工作量的 70%，第一个月的计划成本是 3 万元。那么第一个月的挣值就是 BCWP=70%×3 万 =2.1 万元，即在第一个月时间点上的挣值是 2.1 万元。

3）完成工作实际费用（Actual Cost of Work Performed，ACWP）

ACWP 为某一时间点已完成工作所实际花费成本的总金额。

计算公式为：ACWP= 已完成工作量 × 实际支付单价

ACWP 主要是反映项目执行的实际消耗指标。例如，上例中，最后实际用了两个月时间，完成了设备的加工、运输、安装。在第一个月花 2.15 万元加工、运输设备，在第二个月花 0.5 万元完成了安装工作，则第一个月的 ACWP=2.5 万元，第二个月的 ACWP 为 0.5 万元。

以上三个指标分别是三个关于时间的函数，三者之间没有直接联系，各自的位置可以任意变化。通过对比，可以对工程的实际进展情况做出明确的测定。

四、项目进度计划的调整

通过实际进度与计划进度的比较，可以发现进度计划执行过程中出现的偏差。如果工程项目的实际工期与计划工期偏差较大，为了有效地控制施工进度，保持工期不变，必须首先找出产生进度偏差的原因，然后才能采取最经济有效的方法来纠正进度偏差。无论采取什么方法来纠正进度偏差，都必须对原来的进度计划进行调整。

（一）工期延误对后续工期的影响分析

工期发生拖延后，对后续施工的影响主要有工期影响和资源影响两个方面。当关键施工活动发生工期拖延后，必定会引起总工期的拖延，也必然会引起后续施工的工期拖延。如果是非关键施工活动发生工期拖延，且拖延的时间小于其总时差，则不会引起总工期和后续施工的拖延。但这时由于利用时差，所以往往会引起后续施工的资源矛盾。这种情况下，如果后续施工是由另一家承包商承建，就有可能引起合同纠纷，产生干扰。所以在这种情况下监理工程师要将协调工作坐在前面，保证承担后续施工的承包商按合同应得的利益不受损失，从而争取他的积极性以利于补救工期。

对总工期及后续施工工期的影响大小一般可通过对剩余网络的计算确定。剩余网络的计算步骤如下：

1.去掉已经完成的施工活动，将当前日期作为剩余网络的开始日期形成剩余网络。

2.将正在进行施工活动的剩余持续时间标注于剩余网络图中。

3.计算剩余网络的各项时间参数。

在剩余网络时间参数的计算过程中可能出现负的时差，这个负时差反映了对后续施工工期的影响程度。

分析工期拖延对后续施工活动的资源影响，可对剩余网络进行资源统计，即根据剩余网络编制资源进度计划，再与原计划的资源计划比较就可知道影响的程度。

（二）工程项目进度计划的调整

电力工程项目进度计划的一调整，一般有以一下几种方法：

1.调整关键

工作关键工作的调整时进度计划调整的重点，它是进度计划的核心。因为关键工作没有机动时间，任意关键工作持续时间的调整都会对整个工程项目工期产生影响。调整关键工作的方法有以下两种：

（1）在关键工作的实际进度比计划进度提前的情况下，选择后续关键工作中直接费用高的或者资源消耗量大的加以适当的延长，延长的时间不应超过已完场的关键工作的提前量；若要求缩短工期，则应将计划的未完成部分作为一个新的计划，重新计算与调整，按新的计划执行，并保证新的关键工作按新计算的时间完成。

（2）在关键工作的实际进度比计划进度延后的情况下，调整的方法主要是缩短后续关键工作的持续时间，从而将耽误的时间补回来，保证项目按计划工期完成。

2.非关键工作的调整

在不超过时差范围的前提下，项目三作关键线路上的某些工作的持续时间延长时，不会影响项目工作进度，进度计划不必调整。但有时为了节约资源，降低成本，只要不超出总时差，必要时可以对非关键工作进行适当的调整，并且根据调整的计算方法，把调整控制在对计划不受影响的前提下。

非关链工作的调整方法有三种：一是缩短工作的持续时间；二是在总时差范围内，延长非关键工作的持续时间；三是调整工作的开始或完成时间。当非关键线路上某些工作的持续时间的延长超过项目的总时差范围时，则一定会影响整个工期计划，同时关键线路也会改变，因此，其调整方法应与调整关键工作的方法相同。

3.改变某些工作的逻辑关系

当项目的实际进度偏离了计划进度，并且影响了总工期的情况之下，可以改变某些工作的逻辑关系以实现实际进度与计划进度的一致，从而达到缩短工期的目的。改变逻辑关系的工作可以是关键线路也可以是超过计划工期的非关键线路上的工作。但需要注意的是，这种改变某些工作的逻辑关系的方法适用于不影响原定计划工期与其他工作的顺序为大前提，调整后的结果应大体上不影响原计划的总工期和逻辑关系。

4.增减工作

项目进度计划调整的另外一种有效的方法就是增减工作。增减工作的原因可能是由于项目计划不周、上级临时下达指令等等。需要注意的是，增减工作这种调整方法也不能影响项目计划的大体顺序和总体的逻辑关系，只能改变原计划中局部的逻辑关系，是对原计划的漏洞予以补充，对原计划的冗余予以删减，以便不影响原一计划的实施。一H影响了原计划，则必须要采取相应的措施加以控制使之保持不变。

5.资源调整

由于出现操作异常或供应不足等现象造成计划工期的无法实现时，应在保证工期不变或者使工期更加合理的前提下，对原计划进行资源的调整。资源调整的方法是进行资源优化，但最好的办法是预先储备资源。

6.重新编制计划

在电力项目进度计划的调整过程中，以上的方法都不奏效的时候，表明实际进度与计划进度有了很大的偏差，这种偏差包括逻辑关系的改变、工作数量的变动以及整体顺序的调整。此时要根据项目总目标中工期的要求，将剩余工作重新编排网络计划，对其进行颠覆性的调整，使其满足工期的要求。

（三）施工进度计划调整措施

施工进度计划调整的具体措施包括组织措施、技术措施、经济措施和信息管理措施。首先，组织措施包括适当增加施工人数、机械设备或调配经验丰富的工作人员等等；其次，技术措施包括硬件技术和软件技术，即采用先进的施工技术、建材、机械等，还可以采用先进的管理技术，例如计算机辅助软件等；再次，经济措施包括制定一系列物质激励措施和经济补偿措施等；最后，信息管理措施包括加强各类施工信息的收集、整理、存储和传递工作，建立工程内部信息网络保证信息的快速传递和检索，利用先进的管理软件编制施工日历。在施工日历中列出每天的工作内容、要完成的工程量、需要的各种资源数量等。

第六章
电力工程质量管理

　　电力是一个国家的基础性行业，经济越发展，电力越重要，国家的发展，人民的生活都不开电力。随着 2002 年国家电力体制改革方案出台后，电力企业间的竞争越来越激烈，以前的工程项目质量管理体系已经不能完全适应市场的发展。二十一世纪是提高产品质量的世纪，各国都在努力寻找提高产品质量的有效途径，质量是电力建设工程项目的生命，因此，为了维护国家和社会各方面的利益，都必须严格地管理和控制好电力工程建设项目的质量。近年来城市建设的规模和经济的发展对配电网建设提出了较高的要求，为达到现代城市的发展需求，积极投资试点开展配电自动化网络，这对配电工程质量提出了更高的要求。

第一节　电力工程质量控制

一、电力基建工程项目质量的构成、特点

（一）电力基建工程项目质量的构成

质量有狭义和广义两方面的含义。狭义的质量就是指产品的质量；广义的质量是指"产品、过程或服务满足规定（或潜在要求）的特征的总和"。工程项目的质量是国家现行的有关法律、法规、技术标准、设计文件及合同中对工程安全、使用、经济美观等特性的综合要求。它是在合同环境下形成的，合同条件中对工程项目的功能、使用价值及设计、施工质量由项目范围内的所有单项工程质量及其他工程质量构成，包括决策质量、设计质量、施工质量（包括安装质量、设备质量、材料质量）和其他质量等。

（二）电力基建工程项目质量基本特点与分析

由于电力基建工程产品多样性、专业性及生产周期长、实施程序繁多、涉及面广和社会合作关系复杂等特殊技术经济特点，使得电力基建工程项目的质量控制比一般产品质量控制更加困难。

1. 电力工程建设项目质量形成过程复杂。项目质量包括决策质量、设计质量、施工质量（包括安装质量、设备质量、材料质量）和其他质量等，均对其总体质量形成起着重要作用和影响。

2. 电力工程建设项目质量影响因素多。由于项目周期长，必然受到多种因素影响，如设计、材料、设备、施工方法、管理和工人技术水平等因素，哪一个环节把握不好，都会造成项目质量的事故。

3. 电力工程建设项目质量水平波动性大。由于外界环境影响及其施工的技术经济特点，使其施工过程不能像工厂化生产那样容易控制，生产活动受到各种不利因素影响，项目质量水平容易产生波动。

4. 影响电力工程建设项目质量隐患多。项目施工过程，工序交接多、中间产品多及隐蔽工程多，必须严格控制各个工序和中间产品质量，才能保证最终产品质量。

5. 电力工程建设项目质量评定难度大。项目建成投产运行以后，不能像某些产品那样可以拆开检查内在质量；如果项目完工以后检查，只看其外表，很难正确判断其质量好坏，因此项目质量评定和检查必须贯穿工程建设的全过程，否则就会出现质量隐患。

二、电力工程建设项目质量控制方法

（一）质量控制的直方图法

直方图又称"质量分布图""矩形图""频率分布直方图"。它是将产品质量频率的分布状态用直方形来表示，根据直方的分布形状和公差界限的距离来观察、探索质量分布规律，分析、判断整个生产过程是否正常。

直方图的形状一般有 9 种：

1. 正常型：生产情况正常，质量稳定。

2. 超差型：散差大，出现废品，应停止生产，分析原因，采取对策。

3. 显集型：过于集中有浪费。

4. 锯齿型：测量数据有误或数据分组不当。

5. 孤岛型：有异常因素影响或测量错误，应查找原因。

6. 左边缓坡型：对上限控制不严，对下限控制太严。

7. 右边缓坡型：对上限控制太严，对下限控制不严。

8. 绝壁型：数据收集不当，有虚假现象。

9. 双峰型：分类不当或未分类。

（二）质量控制的排列图法

排列图法又叫巴氏图或巴雷特图法，也叫主次因素分析图法。排列图有两个纵坐标，左侧纵坐标表示产品频数，即不合格产品件数；右侧纵坐标表示频率，即不合格产品累计百分数。图中横坐标表示影响产品质量的各个因素或项目，按影响质量程度的大小，从左到右依次排列。每个直方形的高度表示该因素影响的大小，图中曲线称为"巴雷特曲线"。在排列图上，通常把曲线的累计百分数分为三级，与此相对应的因素分为三类：A 类因素对应于频率 0% ~ 80%，是影响产品质量的主要因素；B 类因素对应于频率 80% ~ 90%，为次要因素；与频率 90% ~ 100% 相对应的为 C 类因素，属一般影响因素。

（三）质量控制的因果分析图法

因果分析图又称特性要因图、鱼刺图、树枝图。这是一种逐步深入研究和讨论质量问题的图示方法。在工程实践中，任何一种质量问题的产生，往往是多种原因造成的。这些原因有大有小，把这些原因依照大小次序分别用主干、大枝、中枝和小枝图形表示出来，便可一目了然地系统观察出产生质量问题的原因。运用因果分析图可以帮助我们制定对策，解决工程质量上存在的问题，从而达到控制质量的目的。

（四）质量控制的管理图法

管理图又叫控制图，它是反映生产工序随时间变化而发生的质量变动的状态，即反映生产过程中各个阶段质量波动状态的图形。质量波动一般有两种情况：一种是偶然性因素引起的波动称为正常波动；另一种是系统性因素引起的波动属异常波动。质量控制的目标就是要查找异常波动的因素，并加以排除，使质量只受正常波动因素的影响，符合正态分布的规律。质量管理图就是利用上下控制界限，将产品质量特性控制在正常质量波动范围之内。一旦有异常原因引起质量波动，通过管理图就可看出，能及时采取措施预防不合格品的产生。

（五）质量控制的相关图

产品质量与影响质量的因素之间，常常有一定的依存关系，但它们之间不是一种严格的函数关系，即不能由一个变量的数值精确地求出另一个变量的数值，这种依存关系称为相关关系。相关图又叫散布图，就是把两个变量之间的相关关系，用直角坐标系表示出来，借以观察判断两个质量特性之间的关系，以便对产品或工序进行有效控制。

相关图的形式有：

1. 正相关：当 X 增大时，Y 也增大。

2. 负相关：当 X 增大时，Y 却减少。

3. 非线性相关：两种因素之间不成直线关系。

4. 无相关：即 Y 不随 X 的增减而变化。

（六）质量控制的调查分析法

调查分析法又称"调查表"法，是利用表格进行数据收集和统计的一种方法。表格形式根据需要自行设计，应便于统计、分析。

（七）质量控制的分层法

分层法又称分类法或分组法，就是将收集到的质量数据，按统计分析的需要，进行分类整理，使之系统化，以便找到产生质量问题的原因，及时采取措施加以预防。分层法多种多样，可按版次、日期分类；按操作者或其工龄、技术等级分类；按施工方法分类；按设备型号、生产组织分类；按材料成分、规格、供料单位及时间等分类。

三、七种方法适用性分析

（一）直方图

利用直方图，可以制定质量标准，确定公差范围，可以表明质量分布情况，是否符合标准的要求。其缺点是不能反映动态变化，而且要求收集的数据较多，否则难以体现其规律。

（二）排列图

运用排列图，便于找出主次矛盾，使错综复杂的问题一目了然，有利于采取对策，加以改善。但其缺点是统计表和分析图之间的对应关系计算复杂，容易出错。

（三）因果分析图

应利用逻辑推理法和发散整理法绘制因果分析图。绘制因果分析图时应注意：确定原因尽可能具体；质量特性有多少，就要绘制多少张因果图；质量特性和因素尽可能量化，这是易引起分析错误的关键点。其缺点是绘制相对麻烦。

（四）管理图

管理图的两个基本用途是用来判断过程是否一直受统计控制和用来帮助过程保持受控状态。其优点是为讨论过程的性能提供共同的语言，并区分变差的特殊原因和普通原因，作为采取局部措施或对系统采取措施的指南。

（五）散布图

当不知道两个因素之间的关系或两个因素之间的关系在认识上比较模糊而需要对这两个因素之间的关系进行调查和确认时，可以通过散布图来确认。实际上这是一种实验的方法。需要强调的是，在使用散布图调查两个因素之间的关系时，应尽可能固定对这两个因素有影响的其他因素，才能使通过散布图得到的结果比较准确。其缺点是收集资料数据庞大（至少30组以上）。

（六）调查表

调查表法较简单，优点是数据收集和使用处理比较容易，但填写统计分析表时易出现差错，为此，一般都先记录数据，然后再用直方图法进行统计分析。

（七）分层法

通常，通过分层可以获得对整体进行剖析的有关信息。但有时由于分层不当，有可能得出错误的信息，必须运用有关产品技术知识和经验进行正确分层。

四、系统的质量控制分析

质量控制是指在力求实现工程项目总目标的过程中，为满足电力基建工程建设项目总体质量要求所开展的有关的监督管理活动。质量控制是一个系统工程，具有系统的所有性。实施质量控制首先要用系统的观点分析问题和解决问题。

（一）系统及其特性

系统就是由若干个相互作用和相互依赖的部分（要素或子系统）组合而成的具有的特定功能的有机整体，而这个系统本身又是从属于一个更大系统的子系统。任何电力基建工程项目都是一个系统，在分析问题和解决问题时，仅仅重视个体作用是不够的，应该把重点放在整体效益上。

系统具有三个特性：

1. 目的性

系统结构是按系统的目的和功能建立的，根据系统的目的和功能，组织建立和调整系统结构。任何系统都可以分解为若干个子目标，子目标又可分解为若干个可操作基本单元目标。质量控制始于各单元目标，终于整体系统及衔接。

2. 整体性

系统强调整体属性。一个系统是由许多基本单元或单元的子系统组成的。系统中的各单元之间相互联系、相互影响、共同作用，构成一个严密的、有机的整体。一般来说，如果每个单元或子系统的属性都是好的，则整体的属性就比较理想。但是，单元或子系统都力争自身最佳效益，却不一定能保证系统的整体效益，目标系统的缺陷会导致工程技术系统的缺陷、计划的失误和实施控制的困难。系统分析主要就是研究单元属性通过合理的结构转化为系统属性。在一个管理系统中，每个单元只有通过系统结构才能表现自己的属性。因此，必须用系统论的思想和方法组织各单元。改善某个单元或子系统属性，必须遵循有利于系统整体性能改善的原则。

3. 层次性

系统的层次结构得当，就能有效运转、效率就高，系统每个层次都应有各自的功能和明确的职责和权益范围，要整体把握、科学分解、综合组织。

电力基建工程也具有一般的系统特点。

1. 综合性

电力基建工程都有许多要素组合，不管从哪个侧面分析，总的系统（如组织、行为、对象、目标等）都可以按结构方法细分成多级、多层次的子单元，并可以描述、定义它们。

2. 相关性

各个要素之间互相联系、互相影响、共同作用，构成一个严密的有机的整体，它们之间存在着一定的界面。

3. 目的性

电力基建工程有明确的目标，而由这个目标形成的目标系统贯穿于整个电力基建工程的实施过程，贯穿于实施的各个方面。

4. 环境的适应性

电力基建工程与系统环境协调并共同作用。电力基建工程不仅完全是为了上层系统（环境）的需求而产生，而且受到环境系统的制约，利用环境系统提供的条件。

作为电力基建工程还有它自身的系统特点：

1. 它属于一个社会技术系统

电力基建工程靠行为主体（人、小组）实施；需要投入各种机械、设备、材料，以及各种工程专业的知识、技术、方法和数据等。

2. 开放性

电力建设工程与环境之间有直接的信息、材料、能源、资金的交接，并完成上层系统的任务，向上层系统输出信息、产品、服务等。

3. 动态性

在电力建设工程实施过程中，要按变化的要求和环境、按新的情况自动修改目标，调整实施过程，修改项目结构。

（二）系统质量控制分析

1. 电力基建工程质量目标是三项控制目标之一，质量控制贯穿电力基建工程项目建设的全过程，不同阶段有不同的质量目标，而这一系列质量分目标构成了质量系统，形成了一个工程项目的总体质量目标。由于电力基建工程项目是一个渐进过程，在项目控制过程中，任何一个方面出现问题，必然会影响后期的质量控制。质量控制管理是处于较大系统工程中的一个子系统。过去只强调施工过程的质量控制管理，但即使施工过程中质量控制得很好，每道工序都符合工艺要求，而工程项目的设计、施工准备过程、辅助过程，以及竣工验收过程等方面如果未纳入质量控制管理轨道，没有很好的衔接和协调，质量仍无法保证。质量控制管理不仅涉及施工过程，还与其他的过程、环节、因素相关联。

项目的质量目标就是项目过程的质量分目标的总和，其内容具有广泛性，所以要实现总体质量目标就应实施全过程、全范围、全方位的质量控制。实施全面质量管理就是从局部走向全面性和系统性，从控制单一目标走向控制整体目标。虽然就目前监理工作范围和内容看，质量控制的重点在具体的施工过程中，但是各项目阶段的质量控制方法有同一性和借用性，那就是从准备到实施再到最后结果都要进行质量控制管理。

2. 质量控制的目的不是发现质量问题后的处理，而是应尽可能事先避免质量问题的发生。对电力基建工程质量实施全面控制时，要把控制重点放在外部环境和内部系统的各种干扰质量因素上，预测可能出现的质量偏差，并采取有效的预防措施。

3. 实施动态管理。电力基建工程项目的各子系统在项目过程中都有显示出动态特征，整个项目是一个动态的渐进过程。质量的形成受到各方面因素影响，要把握好质量控制管理系统在各种情况下的恰当调节，以实现最终的整体质量目标。

4. 相对封闭的原则。在任何一个系统内，其管理手段必须构成一个具有反馈功能的回路，不能是开放的系统，否则就无法体现管理的效益。要重视搜集信息，把握形成质量整个过程中各种因素的相互作用的动态特征，建立自反馈的有效机制。

5. 质量目标控制。电力基建工程质量涉及诸多的影响因素，对质量的控制就要考虑多方面因素，既有国家现行的政策、法规、制度和电力运行规程等多方面问题，又有实施全过程中的保证质量的思想体系、技术措施和管理措施等方面的问题。

（三）目标控制

1. 电力基建工程项目建设单位目标控制

所谓控制就是指"制约一个系统的行动，用最少的信息，实现最优的调控，使之适应于环境的变化，以取得最大的预期效果"。控制的目的是确保一个系统目标的实现。

在管理理论中，控制通常表现为管理人员按计划标准来衡量所取得的成果，纠正实际过程中所发生的偏差，以保证预定的计划目标得以实现的管理活动。管理包括计划与控制。管理活动始于制订计划，一旦计划付诸运行，管理就进入控制状态，包括组织和人员配备，实施有效领导，检查计划实施情况，找出偏离计划的误差，确定应采取的纠正措施，并采取纠正行动。因为控制表现为以实现事先预定目标为目的，所以称为目标控制。

在工程项目管理方法中最主要的方法就是"目标管理方法"，即"MBO"方法。它的精髓是"以目标指导行动"，即工程项目管理以实现目标为宗旨而开展科学化、程序化、制度化、责任明确化的活动。目标管理方法要求进行"目标控制"。

2. 电力基建工程项目监理目标控制

电力基建工程项目监理目标控制是指在项目实施过程中，经常将投资目标值、进度目标值、质量目标值与实际投资支出、实际进度和实际质量进行分析比较，找出差异，排除和预防产生差异的原因，保证总体目标得以顺利实现。对电力基建建设项目的实施进行有效地控制，使其顺利达到计划（或合同）规定的工期、质量及造价目标，这是建设监理的中心任务。工程项目进入实施阶段后，监理工程师就必须从工程项目的总体入手分析、研究和解决问题，使工程项目建设全过程的每一阶段，都在严密协调的科学控制之下。

（1）投入：指人力、材料、设备、机具、方法等资源和信息的投入。

（2）输出：指工程项目建设状况，以及质量、进度、投资目标实际情况。

（3）收集信息和报告：各级控制人员定期收集工程项目建设的实际情况和其他有关的工程项目建设信息，将各种投资、进度、质量、数据及其他有关工程信息进行整理、分类和综合，提出工程状态报告。

（4）对比与纠偏：项目控制部门根据工程报告将实际状况与计划目标进行比较，确定是否偏离计划，对于偏离计划或预计偏离计划的状态进行纠偏。

电力基建工程项目的投入与输出之间转换的环节多，实施的难度大，其项目在实施过程中受到的干扰因素也很多，很容易偏离目标和计划。另外，工程项目参加的队伍多，在组织上、时间上、空间上及协调上必须形成一个有机整体，否则在某个环节上出问题，就会影响整体发挥，不利于目标的实现。因此没有科学、有效的控制，项目难以取得成功。

控制活动是一种循环往复的过程，这个过程就是 PDCA 循环。PDCA 就是指 Plan（计划：分析问题产生及原因，制订方针、目标、计划和措施）、Do（实施：按照计划和措施执行）、Check（检查：按照标准采用各种方式检查和评定）、Action（处理：总结和改进）四个方面。PDCA 最大的特点就是周而复始的循环，并且螺旋上升。对施工项目而言，质量控制就是为了确保合同、规范所规定的质量标准，所采取的检测、监控措施、手段和方法。任何电力基建工程项目都有是由分项工程、分部工程和单位工程所组成，而工程项目的建设，则是通过一道道工序来完成的。所以，在质量控制过程中应用 PDCA 循环工作法，使施工项目的质量控制从工序质量到分项工程质量、分部工程质量、单位工程质量层层把关，从企业内部到工程项目的单元循环控制管理，逐级提高，达到最终的质量标准和要求。一个工程项目目标控制的全过程就是由一个个循环过程所组成的。上一级的循环是下一级的根据，下一级的循环又是上一级循环的贯彻落实和具体化，工程质量在不停的控制管理循环中得到有效保证。循环控制要持续到工程建设项目的建成使用，贯穿于工程建设项目的整个建设过程。

监理受业主的委托以合同为依据对工程项目实施监督与管理。控制是监理任务的核心，从根本上讲没有控制就没有监理，控制是监理工作的重要核心，是保证目标、决策、部署安排得以实现的手段。

（四）质量目标的宏观控制

1. 质量的有效控制和质量目标的实现，必须与基建市场运行的正常化相结合

基建市场运行的正常化为电力基建工程项目管理提供外部环境，其所涉及的因素是多方面的，但最重要的还是做到法制完善、管理得力和主体健全，规范市场主体行为，改革市场监管方式，完善市场准入请出制度，打破行业垄断和地方封锁，建立长效的市场监督体系，控制市场的恶性竞争。在主体之中，要使其真正成为项目法人，依法办事，按建设程序办事，按规范化要求进行电力基建工程项目管理。

2. 加强网局投资项目质量的监督与管理

网局投资项目由于主体缺位，采用属地化管理，使用权转移造成激励和约束机制的失效，难以保证经济效益和质量。最主要的是职责不清，监管机制不健全，造成管理上的种种漏洞。因此，必须加强网局投资项目质量的监督与管理，要强化法制与责任追究，避免徇私舞弊的现象。

3. 保证合同条款的有效执行

虽然在我国签订的合同具有法律效力，在符合国家法律、法规条件下，一切以合同为执行依据，但在电力施工行业中，合同的执行十分不规范。某些企业为了生存，获得工程项目承包施工权，在合同制定时签署苛刻条件，在工程实施中却无法履行合同。特别是当合同的真正履行者是建设单位时，由于种种原因不能按合同条款执行时，合同的法律效力显得十分软弱。最突出的问题就是领导意志的行政干预和拖欠工程款。

合同不能有效履行造成了企业困难及社会的不安定因素，改变这种状况，要保证监督机制的独立运行，赋予其真正的监督权，对于出现的问题应制定出具体的、可行的、具有一定力度的可操作的执行措施。要强化行政执法和司法审判职能和权威，法律面前，人人平等。

4. 加速电力监理企业向工程项目管理咨询公司的转化

随着我国加入 WTO 和建筑市场对全方位、全过程项目管理服务的需要越来越迫切，监理行业作为目前工程管理咨询服务业存在的主要形式，由于其本身业务范围过窄等局限，不能进行全方位的管理，因此监理企业必须进行结构调整和重组。在市场中，不断调整、磨合、转型并依照市场取向设定自己的位置。电力监理企业向工程项目管理咨询公司的转化是形势发展的要求，通过建立项目管理体系，加速工程项目管理与国际接轨，使工程监理单位更加有序、规范、有效。

（五）质量目标的微观控制

1. 把握好质量目标与其他控制目标的关系

电力基建工程项目监理的任务就是对经过科学规划所确定的工种项目三大目标（投资目标、进度目标和质量目标）进行有效地协调控制。质量目标是指争取建成的工程项目的质量和功能达到最优水平。但任何一个建设项目是在一定投资额度内和一定投资限制下实现的，并且受到项目进度和工期的限制。监理单位是根据监理合同，通过科学、标准、规范的工作，力求在预定的投资、进度和质量目标内完成电力基建工程建设项目任务。

投资目标、进度目标和质量目标三者之间既相互联系又相互制约。

（1）当进度快或慢时都会导致费用的增加。在完成同样工程量的条件下，进度快则工期短，致使直接费增加。但工期短可使工程项目提前完成并投产，如果工程项目提前投产带来的经济效益超过了由于工期缩短带来的直接费用的增加，同样是提高了投资效益。进度慢则工期长，会使间接费用增加。

（2）当进度快时可能影响质量，进度慢则对保证质量有利。在赶进度的情况下，往往容易忽视质量而产生质量事故，处理质量事故，又会拖延进度，欲速则不达。对质量要求严格，可能会影响进度，但避免了质量事故和返工现象，也就防止拖延工期的事件发生，也会提高投资收益。

（3）对质量要求高时，费用会增加。但工程项目质量高了，可减少项目投产后的维护费用，延长了项目的寿命，从而提高了投资效益。

三大目标是对立统一的，监理工程师在进行质量目标控制时要把这三项当作一个整体目标来控制，力求三大目标统一、互补，避免发生盲目追求单一目标而冲击或干扰其他目标的现象。

2. 监理工作要程序化、规范化和标准化

在工程项目建设中要使监理控制有成效，就必须坚持控制程序化、标准化和科学化。监理工作的特点要求监理公司必须有一个既懂技术、懂专业，又懂经济、懂法律的人才群体，总监还需要具备综合协调管理的能力。质量控制是系统性和高智能技术性的结合，只有通过程序化、规范化和标准化的有效控制，才能实现质量最优化的目标。

我国加入 WTO 后，国际国内市场融为一体，经济全球化格局基本形成。国际工程咨询顾问公司介入我国工程咨询服务领域势所难免。我国监理公司要与之抗衡和竞争必须提

升自身实力、完善功能和扩张经营范围，向工程项目管理公司发展。监理机制要走向社会化和专业化，监理行为要走向程序化、规范化和标准化。

（1）监理工作标准化

监理工作标准化主要是指把监理内容从形式到内容都转化为标准化管理和控制，使每一项、每一步工作都有统一规定、统一要求，都有标准依据，都有定性、定量的衡量标准。标准就是限制随意性的工作方式，因此它是目标控制的基础。

（2）监理工作程序化

监理程序是从监理实践中摸索并总结出来的带有规律性的工作次序。施工阶段的监理程序是在施工程序基础上形成的，严格执行监理程序就能使施工过程中各主要环节、主要工序处于受控状态，只有在受控状态下才能把握住施工过程中质量动态，适时发现问题并及时解决。

（3）监理工作规范化

监理工作规范化是建立在科学的基础上，是经过实践的经验总结。坚持控制规范化就是在工程质量中找出内在客观规律和内在联系，并遵循这些客观规律去运作，以促进质量目标最佳实现，从而体现监理工程师的控制水平和控制成效。

3. 重视信息的现代化管理

现代管理科学把管理现代化作为研究的重点，恰当运用现代化的管理手段和技术进行控制协调，可以达到事半功倍的效果。信息系统在管理中的作用越来越突出，建立现代化高效、准确、适用的信息系统，有助于实现最优化管理，获得最佳经济效益，达到最佳目标。

在电力基建工程项目管理中有大量的信息和数据产生，需要收集、传输和处理。项目的基础资料、设计数据、设计输入输出、文件图纸、各种记录统计都是信息，并且要做到建设单位、监理单位和施工单位同步共享。如果信息不准确，必然给项目实施效果带来损失，信息的准确、及时和统一，对于控制和决策是很重要的。利用计算机进行综合信息处理，建立信息数据库，各种信息输入处理中心，计算机就系统、高速地输出处理过的信息，并作出各种报告供项目经理及时做出准确的决策和命令，从而使电力工程建设项目建设实现现代化管理。

4. 注意合同对质量控制管理的作用

合同确定了工程实施和工程控制管理的质量目标，是签约双方在工程实施中的行为准则和各种经济活动的依据。

5. 重视监理协调的作用

电力基建工程项目系统是一个由人员、物质、信息等构成的人为组织系统。

采用系统的方法分析项目进行协调，联结、联合、调和所有的活动及力量，使各方协调一致，齐心协力，实现预定的质量目标。

为了做好工程项目的监理工作，监理部人员要经常与业主、承包单位及其他相关单位协调和配合，在正确处理各方利益的基础上建立良好的合作关系。抓好项目协调可以提高工作效率，减少矛盾，为创造良好的合作气氛、使项目顺利进行打下基础。

五、质量经济性

质量的经济性是指为获得一定质量所投入资源的经济效益的分析。只有将质量管理的所有问题与经济学相结合，恰当运用经济学理论、思想和方法，才能切实可行、有效持续的处理施工及管理中的质量问题。从科学管理角度来讲，应采用尽可能经济和有效的办法，确保实现设计文件和工程技术规范所规定的质量要求，并与达到该质量要求所需的费用和工期相适应。

质量具有相对性，电力行业把质量作为工程实施的首要目标，工程建设中应该把质量风险降到最低。但受客观条件的限制，工程项目管理不是追求最高的质量和最完善的工程，质量高将会导致工程费用提高和工期延长的后果。监理的质量目标就是在符合项目功能、工期和费用要求的情况下，尽可能追求高质量，并一次通过，通过有效地控制管理来减少损失和失误。

由于电力工程建设项目的规模较大、工期较长、施工条件较为复杂，从而使其项目管理具有强烈的实践性、复杂性、多样性、风险性和不连续性等特点，给其质量控制带来了不小的难题。其主要影响因素有：

1. 人为干扰因素

人为干扰因素包括决策失误、计划不周、指挥不当、控制协调不力、责任不清、行为有误、技术水平差等。人为干扰因素是工程项目中最主要的干扰。

2. 材料干扰因素

材料干扰因素包括供应不及时，材料的品种、规格、数量、质量等不合乎要求，价格不合理，材料试验出现问题，材料使用不当等。

3. 机械设备干扰因素

机械设备干扰因素包括机械设备选型不当、供应不及时、维修保养不充分，导致施工中出现故障，机械使用效率低等。

4. 施工工艺及方案干扰因素

施工工艺及方案干扰因素包括施工技术组织方案设计不周、技术交底不到位，工艺方法选用及使用不当导致操作中出现问题，执行各种规范、技术标准、工艺规程不力，检查不及时，管理控制点设计不当、执行不到位等。

5. 环境干扰因素

环境干扰因素主要包括技术环境和管理环境。技术环境包括电力基建工程项目所在地的自然环境、地质勘测分析失误造成的影响；管理环境包括质量体系、管理制度和管理流程等设计不合理造成人浮于事、责任不清，出现问题推诿、工作效率低的状况。另外施工过程中还受到现有法律方面限制、市场供应能力限制及劳动条件等方面影响。

6.资金干扰因素

资金不按时支付、数量不足、结算时拖欠等，是目前造成电力建设市场混乱、影响企业正常运转的主要因素之一。

7.其他干扰因素

其他干扰因素如业主或领导部门新的要求与干预，或设计和计划的不当需要频频修改，或当进度、投资和质量三大目标发生矛盾和冲突，出现工期拖延、投资超支等情况时，都会造成对质量目标的干扰。

六、电力工程质量过程控制

（一）事前控制

事前控制要求预先进行周密的施工质量计划。施工质量计划或施工组织涉及或施工项目管理实施规划的编制，都必须建立在切实可行、有效实现预期目标的基础上，作为施工质量控制的行动方案进行施工部署。事前控制属预控方式，有两层含义，一是强调通过计划手段的运用，进行施工质量目标的预控，简称"计划预控"；二是强调按施工质量计划的要求，控制施工准备工作状态，为施工作业过程或工序的质量控制打好基础。

1.施工质量计划预控

施工质量计划预控是施工质量的全面预控措施，是施工质量控制的手段或工具，比较常见的有三种，即

（1）按 GB/T19000（2000）质量管理体系标准的要求，直接采用《施工质量计划》文件方式。

（2）沿用传统形成的《工程施工组织设计》文件方式。

（3）结合施工项目管理的要求，质量计划包含在《施工项目管理实施规划》文件中。

其中，施工组织设计是普遍采用的施工质量计划文件，通常应包含以下方面：

（1）工程概况。

（2）施工条件分析。

（3）施工方案：技术方案、组织方案。

（4）施工进度计划：时间进度、资源进度。

（5）施工平面图：施工总平面图、阶段性施工平面图。

（6）施工措施：施工质量控制措施、施工成本控制措施、施工进度控制措施、施工安全和环境管理措施。

施工组织设计由施工单位编制完成后，经内审批准后报经业主及其监理机构审核批准后，作为组织施工和管理的依据。

2.施工准备状态预控

施工准备状态是指施工组织设计或质量计划的各项安排和决定的内容，在施工准备过

程或施工开始前，具体落实到位的情况。从施工质量控制的角度看，这种状态预控，目的在于抓好计划的落实，防止承诺与行为、计划与执行不一致，导致施工质量的预防预控流于形式。

在全面施工准备阶段，工程开工前需要检查以下各项施工准备状态：

（1）是否认真完成设计交底和施工图纸会审？

（2）施工组织设计或质量计划，是否向现场管理和作业人员进行传达说明？

（3）先期到场的施工材料物资和施工机械设备等，是否符合施工组织设计或质量计划的要求？

（4）施工平面的实际布置内容和方式，是否正确执行施工平面图及有关安全生产的规定？

（5）施工分包企业选择及其进场作业人员的资质资格，是否符合施工组织设计或质量计划的要求？

（6）施工技术、质量、安全等专业专职管理人员是否到位？其责任与权利是否明确？

（7）施工必需的文件资料、技术标准、规范等各类管理工具，是否已经取得？

（8）工程计量及测量器具、仪表等的配置数量和质量，是否符合要求？

（9）工程定位轴线、标高引测基准是否明确？实施结果是否已经复核？

（10）施工组织设计或质量计划，是否已经业主或其监理机构核准？

3. 施工生产要素预控

施工生产要素通常是指人、材料、机械、技术、环境和资金。其中资金是指其他生产要素配置的条件。因此，施工管理的基本思路是通过施工生产要素的合理配置、优化组合和动态管理，以最经济合理的施工方案，在规定的工期内完成质量合格的施工任务，并获得预期的施工经营效益。由此可见，施工生产要素不仅影响工程质量，而且对施工管理其他目标的实现也有很大关系。主要包括：

（1）施工人员资格预控，包括参与施工的各类作业人员和管理人员。

（2）材料物资质量预控，包括原材料、半成品、结构件、工程用品和设备等施工材料物资。

（3）施工技术方法预控，包括施工技术方案、施工工艺和操作方法，还可以采取建立质量控制点、邀请专家咨询论证等方法。

（4）施工设备因素预控，包括施工现场所配置的各类施工机械、设备、工器具、模板等。

（5）施工环境因素预控，包括客观因素和主观因素。

（二）事中控制

事中控制主要是通过技术作业和管理活动行为的自我约束和他人监控，来达到施工质量控制的目的。事中控制包含自控和监控两大环节，但其关键还是增强质量意识，发挥操作者自我约束、自我控制，即坚持质量标准是根本、监控或他人控制是必要的补充。现场施工管理组织通过建立和实施施工质量保证体系，运用监督机制和激励机制相结合的管理方法，更好地发挥操作者的自控能力，以达到质量控制的持续改进。

1. 施工质量检验检查

（1）施工质量检验，主要分为自我检验、相互检验、专业检验和交接检验，采用目测法和量测法。

（2）施工质量检查，主要分为日常检查、跟踪检查、专项检查、综合检查和监督检查。

2. 施工质量检测试验

检测试验是施工质量控制的重要手段。常见的工程施工检测试验有：桩基础承载力的静载和动载试验检测；基础及结构物的沉降检测；大体积混凝土施工的温控检测；建筑材料物理学性能的试验检测；砂浆、混凝土试块的强度检测；供水、供气、供油管道的承压试验检测；涉及结构安全和试验功能的重要分部工程的抽样检测等。

3. 隐蔽工程施工验收

隐蔽工程是被后续施工所覆盖的分项分部工程，如桩基工程、基础工程、钢筋混凝土中的钢筋工程、预埋管道工程等。隐蔽工程验收是施工质量验收的一种特定方式，其验收的范围、内容和合格质量标准，应严格执行 GB50300-2001 有关检验分项分部工程的质量验收标准。特别应保证验收单的验收范围与内容一致；检查不合格需要整改纠偏的内容，必须在整改纠偏后，经重新查验合格，才能进行验收签证。

4. 施工技术复核

施工技术复核必须以施工技术标准、施工规范和设计规定为依据，从源头保证技术基准的正确性。通过相关的复测、计算、核实等复核过程来认定技术工作结果的正确性或揭示其所存在的差错。

5. 施工计量管理

从工程质量控制的角度来说，施工计量管理主要是指施工现场的投料计量和施工测量、检验的计量工具。它是有效控制工程质量的基础工作，计量失真和失控，不但会造成工程质量隐患，而且会造成经济损失。

6. 施工例会和质量控制活动

（1）施工例会是施工过程中沟通信息、协调关系的常用手段，对解决施工质量、进度、成本、职业健康安全和环境管理目标控制过程的各种矛盾和问题，有十分重要的作用。

（2）根据全面质量控制的思想，质量控制小组的活动是全面全过程质量控制的有效方式或手段。

（三）事后控制

事后控制包括对质量活动结果的评价认定和对质量偏差的纠正。从理论上分析，如果计划预控过程中所制订的行动方案考虑得越周密，事中控制和监控的能力越强、越严格，实现质量预期目标的可能性就越大，理想的状况是希望做到各项作业活动"一次交验合格率100%"。但这种理想状态并不是所有的施工过程都能达到，因为在过程中不可避免地会存在一些计划时难以预料的影响因素，包括系统因素和偶然因素。因此当出现质量实际值与目标值之间超出允许偏差时，必须分析原因，采取措施纠正偏差，保持质量受控状态。

1. 施工过程的质量验收

施工过程的质量验收包括：检验批质量验收、分项工程质量验收和分部工程质量验收。其中检验批和分项工程质量验收是质量验收的基本单元，分部工程是在所含全部分项工程验收的基础上进行验收的。

2. 工程质量竣工验收

工程质量竣工验收也称"单位工程质量竣工验收"，是建筑工程投入使用前的最后一次验收，也是最重要的一次验收，应按下列要求和方法进行验收：

（1）工程施工质量应符合各类工程质量统一验收标准和相关专业验收规范的规定；

（2）工程施工应符合工程勘察、设计文件的要求；

（3）参加工程施工质量验收的各方人员应具备规定的资格；

（4）工程质量的验收均应在施工单位自行检查评定的基础上进行；

（5）隐蔽工程在隐蔽前应由施工单位通知有关单位进行验收，并应形成验收文件；

（6）涉及结构安全的试块、试件及有关材料，应按规定进行见证取样检测；

（7）检验批的质量应按主控项目、一般项目验收；

（8）对涉及结构安全和功能的重要分部工程应进行抽样检测；

（9）承担见证取样检测及有关结构安全检测的单位应具有相应资质；

（10）工程的观感质量应由验收人员通过现场检查共同确认。

3. 竣工资料验收

竣工资料验收包括工程相关批准文件、监理文件、施工签证和竣工图的验收，应齐全准确。

第二节　电力工程项目质量监管

一、质量监督管理

（一）质量监督管理的定义

质量监督是指为了确保满足规定的质量要求，对产品、过程或体系的状态进行连续的监视和验证，并对记录进行分析。质量监督关系国民经济管理的范畴，是组成国民经济管理学的一个重要部分，质量监督管理是一个属于专业领域的学科。质量监督管理是对质量监督活动的计划、组织、指挥、调节和监督的总称。

（二）质量监督管理的演变发展

中华人民共和国成立以来，工程建设质量监督非常单一。我国一直以来就是一个计划经济高度集中的社会体制，社会主义公有制占据了我国国民经济体系的主体，工程建设的目的是建立一个完整的国民经济体系，改善和提高人民的物质生活和文化生活。但是建设领域的生产长期被认定为是一种纯粹的消费活动，从而构成了一种自然经济色彩浓重的管理格局：建设投资是由政府部门依照各种条款层层拨给，继而给建设工程单位、部门下达指令。当时中国的电力系统主要有华北电建工程局、山西电建工程局等一些大型的企业，建设材料主要采取的是按需拨款的形式。在这种格局中，设计、工程施工单位只是任务的被动实施者，没有主动行事的职权。所以，政府部门对参与建设的各方的工程施工，多采用的是行政管理办法。此种方法是单向的，即依照行政系统对下属进行管理。与此同时，在实施工程建设当中，由于工程费用实报实销的理念，无论盈亏，参与工程建设的各方面重点关注的是项目进度和质量。但就因为当时的中国没有一个统一的工程建设质量新的评定标准，于是建设工程质量由建设施工企业内部质量管理部门自行评定，进行自我监督管理。具体来说，有以下几个方面：

1. 第二方建设单位质量监督管理制度

中华人民共和国成立初期，由于施工企业比较单一，质量检查也是由企业内部进行，如果遇到工期、产量与质量同时要达到要求时，在没有外部监督的情况下，往往只能牺牲质量了，以至于在中华人民共和国成立初期质量一直未能达到要求。所以在第二个五年计划期间，经中央相关人员研究决定，对工程项目的质量监督检查，由原施工单位的质量检查管理负责的自控，改为建设单位负责工程验收为主的质量监督检查。这在一定程度上形成了相关制约、联手控制的局面。由于监理施工监理和自我评估从原来的项目进入单元与第二方施工质量监督管理系统的其他单位的内部管理的质量，并开始编制国家《建设工程质量检验评定标准》，所以每个技能测试项目、测试工具、测试方法和评价标准，实现四统一，从而使评估结果的质量具有可比性，也便于工程指挥部对建设单位加强施工工程建设质量的监督管理。"文化大革命"时期，把所有规章、制度、规定，通通当作"管、卡、压"进行批判，工程质量普遍降低，这种情况一直持续到20世纪70年代末才开始有所好转。

2. 工程质量政府监督管理制度

改革开放以后，中国步入了一个全新的时代。同时建设领域的工程建设活动也发生了重大的改变，由政府向建设部门"拨"款转向建设单位"贷"款建设项目，投资主体开始出现多元化；建设的任务也实现招标承包制；施工单位相对独立的向商品生产者转变，摆脱了以前的政府附属地位。参与工程建设的各方之间的经济地位获得了加强，寻求自身利益的趋向日渐突出。这类现象的涌现，致使之前的工程建设管理体制越来越不能顺应时代的发展。工程单位内部的质量检查制度和第二方建设单位质量监督管理制度都不能满足自身经济利益的发展，没办法保障新建设高潮的质量监督的需求。建设规模的急剧扩增，使得刚则起步的建设市场出现矛盾。迅速膨胀的勘测、规划、工程单位和中国的特殊行业的建设单位，导致总体技术质量明显下滑，管理脱离正轨，并且出现了宏观管理上的真空地带。主要原因是建设单位缺乏自我约束；勘测、规划、工程单位内部管理失控，敷衍了事、工序混乱等问题一再出现。政府在这方面也缺少强大有力的监督能力，从而工程质量存在严重隐患，导致工程建设过程中事故频频发生。

针对此种状况，1984 年 9 月，国家相关部门做出了相关规定，国务院颁布的《关于建筑业和基本建设管理体制若干问题的暂行规定》中提出了对工程质量监督问题的相关管理办法，在地方政府带领下，依照城市规模建立有权威性的工程质量监督机构，根据相关法律规定和有关技术规范，对本地区的工程质量进行监督管理。接着，城乡建设部和环境保护部也分别颁布了《建设工程质量监督条例》和《建设工程质量监督暂行规定》等规范性文件。这些文件规定了工程质量监督机构的工作内容、监督程序、监督费用，对工程质量监督工作有了明确的进一步指示。随后在一些地区，如北京、上海等发达一些的城市也陆续开展了质量监督机构。第三方质量监督管理机构的成立，标志着我国工程建设质量监督开始走向专业性、技术性的质量监督行列，从以前的施工单位自我检测自我评估的方式步入第三方监督的方式，这样的监督更有利于质量工程的管理。这样的改变，使我国工程建设质量监督体制向前跨了可喜的一大步。

3. 政府监督和社会监督相结合的工程质量监督制度

20 世纪末，随着改革开放，我国的各个领域有了更广阔的发展，随着时代的变迁，其他性质的工程项目逐渐增多，获得国际金融机构贷款的工程项目，国际金融机构要求实行监理制度和实行招投标、承发包制，国外专业的社会化咨询公司和管理公司及监理公司的专业人士出现在我国的"三资"工程项目中，他们通通根据国际管理理念，以业主委派与授权的形式，在工程建设管理方面的高速高效的优势显示出来，冲击了我国传统的工程管理理念，对我国原有的监管制度起到了很大的影响。工程监督管理制度，完善了中国工程质量监督体系，标志着我国在质量监督方面进一步迈入成功，使我国工程质量监督体制得到了质的飞跃。

二、电力工程质量监督的主要内容

随着全世界经历了抵抗"非典"、"禽流感"的预防与控制、"苏丹红"问题的查处，加上阜阳奶粉、孔雀石绿、油炸食品中丙烯酰胺、牙膏中三氯生、龙口粉丝、三聚氰胺、地沟油、皮革牛奶等一系列质量安全突发事件之后，国家法律、法规规定，对产品、工程、服务质量和企业保证质量所具备的条件进行监督检查活动越来越看重。电力工程项目作为一个专业和重要载体，其质量直接影响到承包与被承包人双方的利益，电力工程项目作为国民经济的基础性建设，贯穿于当今社会，政府部门要对其质量进行监督，而且要用强制的手段进行监督，这样才能保证工程项目建设的质量，保证国民的公共利益不受损害，保证国家相关法律、法规、标准及规范的有效执行。

从上述观点能够看出，电力工程项目质量监督管理应具有以下特点：一是特定的权威性。因为电力工程作为一项特殊的工程，其质量要保证人民的安全，所以任何单位和个人在电力工程建设质量监督管理问题上，都应该无条件地接受质量管理。二是强制性。任何单位和个人不服从这种监督都要受到法律的制裁。三是综合性。监督管理要从全方位着手，在电力工程项目实施全过程都要进行有效地质量监督。

电力工程项目质量监督管理是由相关部门（建设工程质量监督站）制定并实施的。电力工程项目质量监督总站遵循国家法律、法规和有关标准、规范等内容对工程项目建设进行强制性监督管理，监督管理的主要是对主体质量内容和工程实施质量进行监督管理。

电力工程项目质量监督工作的主要内容有以下几点：首先，工程实施前，监督管理者应对受监督工程的勘测、规划设计、工程单位的资质和业务范围进行核实，凡不符合要求的不得开工。其次，工程项目实施过程中，监督管理者务必要按照监督流程对工程质量进行现场抽检。工程监督重点要根据工程的性质确定。再次，工程项目彻底完结之后，监督管理者要在施工单位完成验收工作的基础上对工程质量等级做出评价并完成核实工作。最后，总结其单位的质量监督工作的状况，定期向有关部门进行汇报。

电力工程建设质量监督管理中心站会根据质量监督分站提出的申请，组织工程师及以上职称人员配置质量监督管理小组，严格遵循《电力工程建设质量监督检查典型大纲》的要求对该电力工程建设质量进行监督检查，监检采取听汇报、查资料、座谈评议、实地检查和现场抽查实测等方式进行，并按照质量监督总站下发的《监检记录典型表式》做好记录归档备查，在此基础上编制监督检查报告。电力工程建设质量监督是代表政府部门进行的质量管理行为，由于电力行业的技术特殊性，国家委派国家电网公司及各级电力公司作为国家电力工程建设质量监督机构。

电力工程建设务必要贯彻"百年大计质量第一"的政策。为确保工程质量，质量监督管理机构要设立 GB/T19001 质量管理体系并确保其能够正确运行，对于特种设备的安装，还要制定符合该设备的安全技术规范，并确保该规范有效运行，为确保工程质量满足合同规范打好基础。工程项目经施工部门内部验收后，按工程质量验收评估标准划定项目范围，由建设单位和监理单位进行验收，并按照质量监督管理办法，接受质量监督机构的监督。

电力工程建设质量监督管理工作应做到依靠"群众路线、预防为主、防患于未然"的方针。专职质量监督管理者应经常身临现场、指出违规作业并予以纠正，严格依照质量监督标准和设计规划要求进行核验。

专职质量监督管理者应由具有较强的责任心、做事有原则、凡事秉公处理、具有一定技术水准和施工作业经验的人员担任。所有参与人员统一培训合格后，持证上岗。

质量监督分站要将对整个工程过程的质量监督管理工作切实加强，对自身的工作职责分工认真履行，与有关质量监督部门搞好配合，严格监督工程建设的各个阶段，包括材料设备、设计规划、施工及试运行等，一定要在施工前就消灭所有的质量问题，确保无重大事故出现在电力工程建设过程中，力争质量监督工作能够百分之百覆盖电力工程建设过程。

三、电力工程质量监督管理体系

国家发改委委托电力工程项目质量监督机构作为政府的代表监管工程质量，负责依照国家法律、法规及国家标准、行业标准等监督检查工程实体，以及工程建设主体的质量和质量行为。而且指出政府将强制实施质量监督，要求电力工程建设项目法人（建设单位）工程开工前，一定要根据本规定向工程所在地的电力工程建设质监机构进行相关监督手续的申办，并依照相关规定上缴所需的管理费用。对没有通过质监机构审核监督的电力工程建设，不得接入现有电网运行。

四、电力工程质量监督管理的程序

电力工程建设质监机构按照三个不同等级配备：电力工程建设质监总站；省电力工程建设质监中心站；工程质监站。委托国家电力公司监管全国电力工程建设的质量，联合相关的电力企业及发电公司、中电联等机构将总站组建起来，归口管理全国电力工程建设的质量监督工作，且对国家发改委直接负责。将电力工程建设质量监督中心站在各省建立起来，在总站的领导和指挥下，管理本地区的电力工程建设质量监督工作，而且还要向本地政府行政主管部门按期汇报工作。获得总站的批准后，应在所在地的电网公司设置中心站，并上报国家发展改革委员会备案。

中心站根据实际的状况来设置工程质监站。工程质监站由中心站进行委托，负责监督中心站所规定的工程项目的工程质量工作；配合完成中心站负责的工程项目的质量监督管理工作。而工程质监站及项目的质监站全部由中心站进行组建，中心站负责机构设立及岗位任免等工作，且要向总站汇报并备案。工程竣工并完成验收后，将会撤销工程项目质量监督站。

五、电力工程质量监督站工作权限

政府委派工程质量监督管理机构监督工程质量，应以监督的具体工作量为依据调配质量监管者的数量。质量管理人员的具体工作权限如下：

1. 建设主管部门有权奖励本地工程质量检测结果比较好的单位。

2. 对未经工程质量检测或者质量检测结果不太好的设计和工程部门，要给予警告或者批评以表重视。

3. 对工程发生严重质量问题的要及时做好善后工作，对情节严重的，要停工整顿或者予以罚款。

4. 工程质检结果不合格的，必须退回返修，合格后才可交付使用。

5. 以建设部下发的《工程建设重大事故报告和调查程序规定》为依据，对有重、特大质量事故出现的单位进行处理。

六、电力工程实施阶段质量控制管理

（一）事前控制

做任何事都要有个事先准备的过程，工程项目作为一个特殊的载体，防范未来可能发生的困难在施工事前控制非常重要。工程质量计划、工程组织或工程项目管理所实行的规划编制，都一定要建立在实际可行、有效实现预设目标的目的上，进行工程项目质量监督控制的方案实施部署。

（二）事中控制

事中控制主要是通过平时的技术作业中的控制，以及在管理活动中的一些监控，减少实际操作中的质量监督。事中控制包括自我约束和对他人的监督两方面，其主要目的是加强工程项目质量意识，充分发挥操作者自我约束和自我把控。通过在现场施工过程中建立和保证质量的整体性，运用监督机制和激励的机制来管理质量问题，从而更好地发挥作业者的自控力，以达到质量监督的良好作用。

（三）事后控制

事后控制包括质量监督活动的结果评估、认定和对工程项目质量偏差的纠正。从理论分析中可以得出，预控过程所制订的实施计划考虑得越详细，事中控制和监督的能力就越强、越严谨，实现质量的预设目标可能性就越大，理想状态是达到各项工程作业活动"一次交验合格率100%"的目标。事后控制实际上是在没有办法的情况下的一种活动，其质量活动可能已经发生，事后发生的事情只能通过转移风险的方法来控制。通过转移风险，达到减少损失的目的。

七、电力工程监督管理的评价

（一）运用科学的定量方法

定量分析法，即对社会现象的数量特征、数量关系与数量变化进行分析。在电力市场现有的背景下，对于电力工程质量监管工作如何更有效地实施？笔者通过数理统计法，将数学模型建立起来，将工程质量水准符合要求时的数据利用相关公式进行计算、分析，对工程达标与否做出判断，以此战胜因为工程质量监督管理者素质的高低对工程质量水平影响的判断，进一步使电力工程项目建设质量监督管理水平走到科学规范的轨道上来。

（二）评价的内涵及目的

对电力工程建设质量监督管理就是指在全过程质量监督的基础上，将电力工程建设质量监督管理的监督管理主体、社会监督控制主体及建设责任主体，是否与国家有关法规相契合、是否符合有关文件的规定。

1.实施有效的评价，旨在确保监管体系能够运行正常，有关责任方主体，即建设工程质量的实施方的质量行为决定着工程建设的质量，只有正常运行监督管理体系，责任单位主体才能有效实施质量行为。在施工质量监管系统有效监督缺乏的情况下，该系统的有效性可能会受到影响，因此，可以利用评估工具，找出工程建设质量监督管理工作的优缺点，保持优异的方面摒弃弊端，以确保整个监督管理系统正常有效地运行。

2.实施有效的评价，是提高监督管理主体能力的需要。工程越来越繁杂，实现工程建设质量不仅要依靠监管体系的正常运转，而且也离不开监管主体本身的水平。有效评价监管主体所做出的质量行为，敦促他们主动提高自身的监管能力，最终实现推动工程建设的质量提升。

3.监督管理工作实现可持续发展的目标

建设工程的质量需要依靠有效的质量监管工作得到保证。近年来我国经济的快速发展，带动了建筑行业兴盛，建筑工程的主体数量越来越多。在这样的大环境下，为了适应新的形势发展，质量监督管理工作就必须要进行改革和创新，不能因循守旧。评价现有的方式能够发现不适应新环境的地方，提升管理模式的指导方向，从而实现工程建设质量管理监督工作的持续发展。

八、完善质量监督管理的途径

（一）完善工程项目质量监督管理体系

1.建立科学的质量监督管理理念

无规矩不成方圆，尤其是在市场经济条件下。电力工程项目质量监督管理问题关系到民生，它不是单一部门就可以完成的，而是多部门互相协调、相互配合。在国家法律法规不健全的情况下，市政府立法部门应结合本市的实际，先行制定地方性的法规或制度，对调控施工工期的制度进行研究并建立起来，使电力工程具有合理的工期。对于对工期无序压缩的做法除了实施常规处罚外，如行政处罚、罚款等，还可以将电力建设或施工单位在建设工程中执行合理工期的情况和其本身的资质联系在一起，确保主体能够执行合理的工期，不会违反规定追求一时的利益。

此外，政府建设主管部门对于建设企业的生产经营活动不能直接调控和指挥，应转变观念和职能，使企业能够以市场经济规律为依据实现自主经营，做到自我发展、调控和约束，自负盈亏。施工主管部门要从部门管理的束缚中脱离出来，将宽松的、竞争合理的、公平公开的外部条件营造出来提供给参与方。

所以，来自政府和社会这两个方面的监督力量在电力工程建设质量监管的过程中要做到共同发展、齐头并进。这种模式已被大多数发达国家所采用，他们对建设市场专业管理过程中的各种行业协会，以及专业组织的作用高度重视。在获得认可和通过审批的前提下，专业机构受政府主管部门的委托和授权，向社会中的一些半官方性质的组织转移相应的政府职能。例如，借助立法的方式，美、德等国将审核工程设计的相关制度明确下来，由政府部门对工程设计进行审核，一些技术审核工程师或者取得国家认可的专业人士常会受政府部门的委托核准设计计算数和设计图纸等资料。

上述这些做法对电力工程施工质量监管工作的可持续发展有利，能够按照科学化、法制化的要求对质量进行管理和监督，推动改革工作及政府质量监督体系的形成，使管理和监督电力工程建设的综合素质提高，从而促进实体经济的发展。

2. 建立服务型的集体监督机制

在工程项目的整个过程中均贯穿着质量监督工作。周期长是电力工程项目建设的一大特点。如今，一般的大型项目通常都需要两年以上的时间才能完成从"五通一平"到竣工验收的全过程。质量监督管理工作具有强制性特征，而且会涉及很多专业，质监工作在各专业开始和完成重要工序后均要进行，监督检查覆盖参与工程建设的规划设计、建设、生产运行、施工、调试及监理等所有部门，而且在这一活动中，这些单位中有关工程建设的所有管理者和部门均要参与其中。尤其是在管理者不具备较高素质的情况下，必须将科学的管理流程制订出来，将各阶段需要完成的工作、具备的条件、质监的具体程序及各单位应做怎样的准备等都明确下来。

客观的质量管理体系能够保证工程建设的质量。它不光是有利于监督工作的进行，也发挥了监测质量管理角色的职能，保证了建设单位、监理单位和承包商的质量控制，可据此监理输变电工程建设工作。此外，还需要将相关的质管、检验及监理等组织建立起来，旨在更好地发挥工程监理的作用。

工程质量监督工作主要体现在事前、事中及事后对整个工程的把控方面。对事前的工程质量监督管理工作进行强化，使监督工作的服务和预见能力提升，监督管理人员一旦发现工程质量趋于下滑，就要及时赶至工程现场指导并进行提示，使监督被动、滞后的局面得到改变，工程质量最终能够达到标准。建立集体监督机制，能使监督工作做到准确、公正。使监管力度加强，将参与者集体监督的机制建立起来，可以使工程质量得到提高，选3～5人作为每个专业的监管人员，他们在质量监管过程中必须持证上岗，"一人为私、两人为公"，为了使监督实现准确、公正的目标，监管工作人员之间要做到互相监督、互相牵制。

3. 与国际惯例接轨

随着国际化的疾速发展，游戏规则这个问题首当其冲，要具备全面的法律法规意识，符合国际惯例。不管什么事情都要符合国际惯例，将法律法规建立完善，对监督市场的机制动作及监督管理体制进行规范，将与之相配套的监管方法与模式建立起来，创造条件推动建筑行业逐步实现国际一体化的目标。只有与国际惯例相符，建立的法律、法规体系符合国际标准，才能更好地利用这些规则对市场行为进行规范，使国际市场中的竞争力不断提升，而且还能吸引更多国际投资，使整个行业更好地发展下去。

（二）完善质量监督管理机构职能

1. 监督人员的素质和水平要不断地提高

质量监督跟管理人员有相当大的关系，在监督过程中，如果监督人员素质都不太好的话，那么可想而知，监督质量也不会好到哪里去。所以要想提高监督的效果，就要提高监督人员的整体水平与素质，让他们明白监督的意义。在提高监督人员的素质方面，可以让其去学习，让他们提高整体的业务水平。在监督管理方面可以展开学习和绩效考核，有必要还需组织相关人员进行现场安全工作的相关讲座。为了提升监督人员的业务水平，可以聘请有经验的教授进行授课，使监管人员能够更深入地认识和理解安全工作，使安全技能水平不断提升，确保在各个领域均能积极展开安全工作。本节认为可以从以下几个方面展开安全工作。

（1）业务能力

由于监管人员的工作实际上是代表政府的行为，所以监管人员一定要具备较强的理论知识，要为政府部门树立良好的形象和权威。这就要求监管人员要不断地加强学习，熟练掌握专业知识，并运用到电力工程建设方面。另外，质量监管人员还需具备组织和协调的能力，以保证协调建设、勘测设计以及施工和监理单位的相互关系。同时对于相关的技术质量标准及法律法规等监管人员必须牢牢掌握，运用好手中的权力，对相关问题的处理更加公正和科学，将权威树立起来，使监管工作做得更好。

（2）实践能力

工作实践经验丰富是合格的质量监督员必须具备的条件，质量监管工作具有较强的技术性和专业性，要想将其处理好，必须具备丰富的实践经验。在工程质量通病问题上要想敏锐地发现和鉴别质量好坏，没有长时间的工作经验是根本无法做到的，因此，质量监督员在进行质量监督管理工作中，一定要养成善于发现问题，并及时地分析原因，这需要长时间的积累才能达到。

2. 管理好监督档案，将监督资源积累起来

在质量监督管理的过程中，监管人员需要记录各种各样的图片、文字、录音录像、图表、报告及数据等，这些资料必须确保具有真实性、延续性和时代性等特征，以便据此开展质量监管工作及相关的研究工作等。档案管理的准备是电力工程建设质量监管工作的重要内容之一，同时也是电力工程建设质监总站考核电力分站建设经营管理，以及各电站建设质量监督检验中心的一个重要内容。

电力工程建设质量监管档案以多种载体将各地有关质量监管工作的经验和教训一一记录下来，每个质量监测活动结束后，各方应保存积累了宝贵的技术资料，根据其申报要求整理和分类保留并向保管档案转移。共有两种质量监督文件：其一是档案，用以对质量监督活动进行辅助，其中包含了记录材料、所参与的人事管理和社会活动、硬件建设、内部机构的相关文件、上级机关下发的文件及会议活动等；其二是质监技术文件，主要包括材料和设备测试仪器、质量控制流程和数据统计、物料管理等。

综上所述，监督和管理整个过程档案除了真实记录质量监督和管理活动以外，还可以此为依据为质量监督提供服务、对质量监管工作进行研究等。

3.使质量监督手段不断完善起来

对于传统的过时的检查方法要积极进行转变，借助具有较高科技含量的检测工具和监督手段，努力建设现代化信息网络，使工程质量监管能力不断提升。通过统计数据分析手段将相应的数学模型创建出来，将与工程质量要求相符的数据利用相应的公式进行计算，分析计算结果，对工程质量达标与否做出判断。使工程质量监管人员参差不齐的素质导致的无法准确判断工程质量水平的现象得到改变，使我国的工程质量监管工作能够接轨国际先进水平，实现规范化、科学化的目标。

需要依据一定的技术理论基础才能准确、公正的评价工程项目的质量，并使企业效益及工程质量得到有效提升。对设备和材料的质量严加控制，保证工程质量的前提条件是做好材料质量、建材质量和设备工具质量的检验。质量差的建材、不当选择设备等都会使工程项目的质量受到影响，甚至会有一些事故发生。

设备和材料对工程项目来说是比较重要的，购买的渠道必须正规，尽可能选择通过国家专业评估的设备和技术。必须通过层层筛选检查，多个制造厂商比较后选择，尽可能采用质量成本效益最佳的方案。要严格验收设备和材料，对测试环节严格执行，对抽样检验系统进行见证。计划非常完整，但执行能力不强，也无法保证按时完成电力工程项目。为使电力工程项目能够按照进度计划顺利实现，必须采用科学合理的方法，特别是利用现代化信息网络方法。

要在监督和控制工程项目进度有效性方面多下功夫，对于施工过程发生变化时的应对措施也要考虑周全，避免无限延长时间，确保项目能够在计划时间内完成。"计划赶不上变化"，因此，如果不能做到严格实施，无法很好地控制进度，计划再完美也无济于事，应以现场的具体情况为依据，及时纠正各施工阶段在时间进度、工作程序及工作内容等方面存在的偏差，对整个计划进行控制和实施。使工程质量得到保证的重要步骤之一就是查验，应从两个方面查验施工质量：首先，在工程项目的建设过程中进行查验；其次，在工程竣工时进行查验。除了做好监督工作以外，对这两方面的把控能够确保工程项目建设的质量。

科学的运用工程质量监督是使工程项目质量监管工作有效实施的重要技术手段。我国市场经济体系的发展日新月异，逐步完善起来，加上国际经济一体化的局势及科学技术的飞速发展，为使工程质量监管工作实现有效性、有力性的目标，应将现代化信息技术措施充分利用起来，使政府部门改良在监管工作过程中的工作态度，出台与国际接轨的法律法规，采用现代化的、科学的管理方法使政府部门能够更好地监管工程项目的质量。当今社会已进入信息化时代，信息技术的应用范围越来越广泛，现代化管理自然也离不开网络技术和信息技术，因此，必须将计算机技术充分利用起来。

4. 大力发展工程咨询业

为使社会监督控制体系在工程质量监管工作中充分发挥作用，要求政府部门将工程咨询行业大力发展起来，这样才能更有效地解决工程质量监督管理工作中的政府监督资源供求与需求所产生的矛盾，最终与各个层次的参建主体的电力工程建设质量监管需求相适合，有关政府部门应当对建设和发展工程咨询公司积极给予鼓励，保护大中型的工程咨询公司，扶持中小型的工程咨询公司，积极推动工程咨询公司专业协会逐步趋于管理国际化、科学化和经济实体化建设。